火场求生：技能是怎样练成的

唐 智 著

应急管理出版社

·北 京·

图书在版编目（CIP）数据

火场求生：技能是怎样练成的/唐智著． -- 北京：
应急管理出版社，2020 （2022.1 重印）

ISBN 978 - 7 - 5020 - 8188 - 1

Ⅰ.①火… Ⅱ.①唐… Ⅲ.①火灾—自救互救—基本
知识 Ⅳ.①X928.7

中国版本图书馆 CIP 数据核字（2020）第 114558 号

火场求生：技能是怎样练成的

著　　者　唐　智
责任编辑　闫　非　肖　力
责任校对　陈　慧
封面设计　于春颖
出版发行　应急管理出版社（北京市朝阳区芍药居 35 号　100029）
电　　话　010 - 84657898（总编室）　010 - 84657880（读者服务部）
网　　址　www.cciph.com.cn
印　　刷　中国电影出版社印刷厂
经　　销　全国新华书店

开　　本　710mm×1000mm$^1/_{16}$　印张　$8^1/_4$　字数　111 千字
版　　次　2020 年 8 月第 1 版　2022 年 1 月第 3 次印刷
社内编号　20200719　　　　　　　定价　50.00 元

致 读 者

亲爱的读者：

　　我曾经是一名消防员，1993 年 12 月入伍以来，从战士、班长、副中队长、中队长、战训参谋、战训科长到副参谋长，在战训岗位连续工作了 23 年。参与灭火和人员营救，组织"人员被困火灾"战例讲评，是我日常最热衷的工作。多年灭火的工作经历，给予我最大的感受是：大多数火灾亡人悲剧根本不应该发生，如果被困者真正懂得如何自救，而现场群众真正懂得如何互救，绝大多数火场遇难者（无自主行动能力除外）完全有生还的机会。当火灾发生时，不懂如何正确求生，是一种普遍存在的现象。提高火场求生技能，是全民、全社会亟待解决的问题。

　　2015 年 10 月起，我历任大队长、教导员，在防火岗位工作了 2 年，参与社会的消防安全教学工作。如何更好的教学，是我常常思考的问题。虽然工作时间不长，但我最深的感受是："捂毛巾理念"很大程度上成为了消防教学和逃生演练的代名词。全民消防教育的教学内容亟待完善，教学质量亟待提高。

　　2018 年 4 月我选择了自主择业。虽然脱下了军装，但职责还在，我一直在一如既往地追求如何更有效地减少火场人员伤亡。面对火魔，如何守护生命，我想用我多年亡人火灾的经历、经验和所思所想，来告诉大家：如何更有效地火场求生。我想与您分享自己的职业经验，希望用自己对亡人火灾的"一线感悟"，为您和您的家人带去一份平安。

　　为什么写这本书呢？

一是写作动机来自火场一线的"职业感悟"。

曾经有一起亡人火灾，让我刻骨铭心。2015 年 1 月 24 日 5 时 28 分，株洲市云龙新区云田村茶马路一门面发生火灾，3 名小孩被困。"妈妈，起火了……"，求救时小女孩话未说完，电话便断了。作为全勤指挥部专职指挥长，我随警出动。在赶赴火灾途中，现场反馈：火已扑灭，但被困小孩并未逃离现场。我很清楚这意味着什么！战士在火场搜寻尸体时，我做了一个连自己都感到"冷血"的决定：和公安民警一起将小孩父母劝离了现场。因为我知道，面对亲生骨肉抬出火场的"惨烈"，将是父母一辈子的"噩梦"。

火灾后，我认真勘察现场，思索小孩可能逃离火场的方法。在门面后方完全没有逃生出口，而前方因火势太大根本无法突破。这是我经历的"唯一"一起"被困者没有任何生还可能"的火灾。而绝大多数亡人火灾，凡被困者有自主行动能力，均有多种"求生机会"。为什么那么多人不能"逃离火海"？关键是不懂正确的求生方法和技能。一旦遇灾，便会在恐惧中仅凭本能慌乱应付，以致错失良机，酿成惨剧。

在这起火灾现场，小孩的爷爷一直重复着一句话："对不起！对不起！"正是因为爷爷这句"对不起"，触动了我内心深处最脆弱的神经。一种责任感、使命感油然而生。我忽然感悟，作为一名一线作战指挥员，面对逝去的生命，面对亲人的愧疚，我不能弃之不顾。我应该做点什么？从此，我更执着地关注亡人火灾，研究求生方法，并最终提笔写作。

二是求生方法来自亡人一线的"执着感悟"。

作为消防员，积极参战是我的一贯作风。亲历那么多人间悲剧，我看在眼里，记在心里，陷入沉思。为营救更多的被困人员，我执着地研究"亡人火灾"。入伍 25 年来，支队辖区范围内较大亡人火灾（死亡 3 人或 3 人以上），我均赶到了现场，而全国一些典型的、有教育意义的亡人案例，我也多次跑到现场"感悟"求生方法。在火灾现场，我常思索：如果我是"被困者"，如何逃离火海呢？与幸存者交流、察看火灾现场、收集现场资料、反思遇难原因、思索求生方法以及论证求生方法的可行性，已然成为我多年的职业习惯。

因为执着，所以感悟。火场如何"有效求生"？在火场防烟方面，我摸索了"湿毛巾捂口鼻"之外近10种有效的防烟方法；在火场求生方面，创新了逃生、疏散、报警、避难、灭火、控火、避难、防烟、破拆、缓降、提升、跳楼、互救等多种类型的火场求生方法。我想告诉大家："湿毛巾捂口鼻"只是防烟的一种方法，而防烟只是火场求生方法的一种类型。

三是教学效果来自教学一线的"不断感悟"。

全力谋求全民消防安全教育的最佳效果，是我在防火岗位给自己定的工作标准。大队工作期间，凡社会单位（学校）有消防培训和演练的邀请，我均有求必应。从课件制作、教具准备、现场教学到实地演练，我都亲历亲为。2018年退役后，我成为了一名消防安全教育志愿者，观看逃生演练、聆听消防讲座、参加基地训练、参观教育馆、体验VR游戏，在不断地学习和实践中，摸索最佳教育方法，谋求最佳教育效果。在教学中，多次开展"书籍'观点求错'的示范教学"，广泛听取群众意见，及时修正错误；力求理论指导正确，方法实用可行。当然，实践是验证真理的唯一标准。在真实的火灾现场，希望您冷静、快速地逃离火场，也希望书中所倡导的方法能够帮助您火场求生。

非常期待各位读者提出宝贵意见，更期待火场求生成功者反馈亲身感悟。扫描二维码，我们可以线上互动，大家的支持，会让"火场求生"理念更臻完善。

希望此书的出版，可以为广大消防工作者提供一些借鉴。

唐 智

2020 年 6 月

目　　录

第一章

走近"亡人火灾"

人类从认识火到使用火，经历了漫长而又复杂的历史过程。火给人们带来了光明和温暖，推动着社会文明不断地向前发展。火对人类而言，是一把威力巨大的双刃剑，在创造美好生活的同时，也给人类带来了无尽的痛苦、伤害，甚至是死亡。

为了最大限度地减少火灾人员伤亡，我们需要走近"亡人火灾"，了解燃烧和火灾的基本常识，"知己知彼"才能"百战不殆"。

一、燃烧的基本常识

（一）燃烧本质

所谓燃烧，是指可燃物与氧化剂作用发生的放热反应，通常伴有火焰、发光和（或）发烟现象。如通电的电炉和灯泡虽有发光和放热现象，但没有进行化学反应，只是进行了能量的转化，故不是燃烧；而生石灰遇水发生了化学反应，并且放出大量的热，但它没有发光现象，也不是燃烧。

（二）燃烧条件

1. 可燃物

凡是能与空气中的氧或其他氧化剂起化学反应的物质，不论是气体、液体还是固体，也不论是金属还是非金属、无机物或是有机物，均称为可燃物。火灾中最常见的可燃物，固体如木材、布料、纸张等；液体如植物油、汽油、柴油等；气体如液化气、天然气等；金属等其他可燃物燃烧的引发的火灾，在日常生活中比较少见。

2．助燃物（氧化剂）

凡是与可燃物结合能导致和支持燃烧的物质均称为助燃物，最广泛存在的助燃物便是存在于空气中的氧气。一般而言，可燃物的燃烧均指在空气中进行的燃烧。

3．点火源

凡是能引起物质燃烧的点燃能源统称为点火源。点火源一般分直接火源和间接火源两大类。

1）直接火源

（1）明火。明火指生产生活中的炉火、烛火、焊接火、烟头火、撞击或摩擦打火、机动车辆排气管火星、飞火等。

（2）电弧、电火花。电弧、电火花指电气设备、电气线路、电气开关漏电打火，电话、手机等通信工具火花，静电火花（物体静电放电、人体衣物静电打火、人体积聚静电对物体放电打火）等。

（3）雷击。瞬间高压放电的雷击能引燃任何可燃物。

2）间接火源

（1）高温。指高温加热、烘烤、积热不散、机械设备故障发热、摩擦发热、聚焦发热等。

（2）自燃起火。自燃起火是指在既无明火又无外来热源的情况下，物质本身自行发热、燃烧起火，如煤堆自燃等。

可燃物、助燃物和点火源这三个条件通常被称为燃烧三要素（图1-1）。但是，即使具备了三要素且相互作用，燃烧也不一定发生。燃烧的发生还必须满足：①可燃物和助燃物有一定的数量和浓度；②火源有一定的温度和足够的能量。

图1-1　燃烧三要素

（三）燃烧产物及危害

由于燃烧而生成的气体、液体和固体物质叫作燃烧产物，燃烧产物分为完全燃烧产物和不完全燃烧产物。

所谓完全燃烧，是指可燃物中的碳元素全部变成 CO_2（气）、氢元素全部变成 H_2O（液）、硫元素全部变成 SO_2（气）；不完全燃烧是指燃烧产物中还包含可燃物质，如 CO、NH_3 和醇类、醛类、醚类等。

燃烧产物的数量、组分等随可燃物的化学组成和燃烧条件（温度、空气的供给情况等）的变化而有所不同。大部分可燃物属于有机化合物，它们主要由碳、氢、氧、氮、硫、磷等元素组成，燃烧生成的气体一般有 CO_2、CO、SO_2、HCN、HCl 等。

（1）二氧化碳。二氧化碳（CO_2）是含碳可燃物燃烧的主要产物。在空气中，CO_2 含量过高会刺激呼吸系统，引起呼吸加快，从而产生窒息作用。在有些火场中，CO_2 浓度可达 15%，导致人体呼吸急促、烟气吸入量增加，并且还会引起头痛、神志不清等症状。

（2）一氧化碳。一氧化碳（CO）是一种毒性很大的气体，火灾中一氧化碳引起的中毒死亡占很大比例。这是由于它能从血液的氧血红素里取代氧而与血红素结合生成羰基化合物，使血液失去输氧功能，从而引起头痛、虚脱、神志不清等症状和肌肉调节障碍等。一氧化碳与血红素的结合能力比氧大 30 倍。

（3）二氧化硫。二氧化硫（SO_2）是一种含硫可燃物（如橡胶）燃烧时释放出的产物。SO_2 有毒，刺激人的眼睛和呼吸道，引起咳嗽，甚至导致死亡。同时，它对大气污染危害较大。

（4）氮的氧化物。氮的氧化物主要有 NO 和 NO_2，它们是硝化纤维等含氮有机化合物的燃烧产物，都是有毒性和刺激性的气体，能刺激呼吸系统，引起肺水肿甚至导致死亡。

二、火灾的基本常识

火灾是在时间或空间上失去控制的燃烧。也就是说，凡是失去控制并造成了人身和（或）财产损害的燃烧现象，均可称为"火灾"。

（一）火灾对人体的危害

火灾对人体的危害主要表现为：缺氧、高温、烟尘、毒性气体四种，其中任何一种危害都能置人于死地。

1. 缺氧

人们正常呼吸的空气中氧气占21%左右（体积分数）。在火场上，可燃物燃烧消耗氧气，同时产生毒气，使空气中的氧浓度降低。特别是建筑物内着火，在门窗关闭的情况下，火场上的氧气浓度会迅速降低，使火场上的人员由于氧气减少而窒息死亡。

2. 高温

火场上由于可燃物质多，火灾发展蔓延迅速，火场上的气体温度在短时间内即可达到几百摄氏度。高温不但阻挡被困者逃生，还能灼伤呼吸道，当人体吸入的气体温度超过70℃，气管和支气管内黏膜便会充血起水泡，组织坏死，并引起肺水肿而窒息死亡。

3. 烟尘

由于燃烧或热解作用所产生的悬浮在大气中可见的固体和（或）液体微粒称为"烟雾"。烟雾载有大量的热，人在这种高温、湿热环境中极易被伤害。火场上的热烟尘随热空气一起流动，若被人吸入呼吸系统后，能堵塞、刺激内黏膜，有些甚至危害人的生命。

4. 毒性气体

火灾产生大量烟雾，其中含有一氧化碳（CO）、二氧化碳（CO_2）、氯化氢（HCl）、氮的氧化物（N_xO_y）、硫化氢（H_2S）、氰化氢（HCN）、光气（$COCl_2$）等有毒气体。这些气体对人体的毒害作用很大，并且火场上的有害气体往往同时存在，其联合效果比单独吸入一种毒气的危害更严重。统计资料表明，火灾中死亡人数中大约有80%是由于吸入火场烟雾而致死的。

（二）烟雾对人员疏散的影响

在火灾区域以及疏散通道中，常有相当数量含CO及各种燃烧成分的热烟或烟雾弥漫，给疏散带来极大困难。烟气中的SO_2、NO、

NO_2 等刺激性气体，常给人的眼、鼻、喉等带来强烈刺激，导致视力下降、呼吸困难。现场的浓烟给急需疏散的人员造成紧张、恐怖的心理，使人们失去行动能力或行为异常。在大部分被烟气充满的疏散通道中，人们少时停留（如 1 ~ 2 min）就可能昏倒，停留稍长（4 ~ 5 min 及以上）就可能致死。

建筑物内火灾产生的烟雾，通过门、窗、走道、风道、梯井、孔洞等流向室内外。在一般情况下，烟气的扩散流速在水平方向上为 0.5 ~ 0.8 m/s；在垂直方向上为 3 ~ 5 m/s，比人在火场中的行动速度要快，所以垂直方向安全疏散要予以充分注意。

（三）火灾热辐射的危害

不管火灾以何种方式进行燃烧，火灾都要通过热辐射的方式影响周围环境。当产生的热辐射强度足够大时，可使周围的物体燃烧或变形，甚至造成人员伤亡等。

（四）火灾中建筑物倒塌的危害

在火灾条件下，建筑物由于燃烧和高温作用，往往会发生局部破坏或整体倒塌。建筑结构因火灾发生倒塌破坏的后果是十分严重的，除造成较大的物质损失和人员伤亡外，还会造成火灾进一步蔓延扩大，影响灭火救援工作的开展。

三、"亡人火灾"的特点

在介绍"亡人火灾"特点之前，首先来看看几个火灾案例：

2010 年 11 月 15 日，上海静安区教师公寓大楼因电焊工违章操作（引燃聚氨酯硬泡沫保温材料碎块和尼龙防护网）引发火灾，导致 58 人死亡，71 人受伤。群死群伤恶性火灾给我们敲响了警钟。

2015 年 6 月 25 日，郑州市金水区西关虎屯住宅楼，因一楼楼梯间电表箱燃烧，过火面积仅 4 m^2，却造成了 15 人死亡的惨剧。这是"小火亡人"最为典型的案例之一。

2015 年 10 月 28 日，宁波海曙区文苑风荷小区火灾，年轻的妈妈和双胞胎哥哥不幸遇难。网上曾有这样的描述："那对母子，就在众多邻居眼睁睁看着时，痛苦地倒在火场里。""目睹惨状，围观群众中有人放声大哭。"其实，这也从侧面反映了人们在火灾面前，自救互救知识的匮乏。

2017年6月22日，杭州保姆纵火案，善良的母亲和3个未成年孩子在大火中逝去，留下林爸爸皈依佛门。他在微博《老婆孩子在天堂》中这样写道："我的余生就这样开始了。"家庭消防安全又一次引起广泛的关注。

2019年5月5日，广西师范大学漓江学校西北门附近民房火灾，大量的学生争先恐后向楼下跑，最终导致了5死38伤。而伤亡人员当中，绝大多数竟然是在校大学生。原本不该早逝的生命，让我们更深刻认识到，全民消防安全教育亟待加强。

一条条鲜活的生命被滚滚浓烟残忍夺去，一个个温暖的家庭在烈焰肆虐后变得支离破碎，人们因漠视消防安全，在顷刻间付出了惨痛的代价。消防工作，人命关天，绝不是哪个部门、哪个人的事情，必须从身边做起，从每个人做起。一个随意丢弃的烟头、窗帘旁边的空调、忘记关火的煤气灶、没有断电的电烤炉、楼梯间的电动车、堆放杂物的电缆井等等，都有可能成为致命的杀手。若要减少"亡人火灾"的发生，必须深入了解"亡人火灾"的特点。

1."居民住宅"火灾伤亡概率大

据统计，全国平均每年发生火灾20多万起，平均每月有上百人丧生火海。这是近年全国"亡人火灾"统计的一组基本数据：

——2016年全国共接到火灾报警31.2万起，死亡1582人。从人员伤亡分布看，居民住宅火灾死亡1269人，占比80.2%。

——2017年1—10月全国共接到火灾报警21.9万起，死亡1065人。从人员伤亡分布看，居民住宅火灾死亡821人，占比77.1%。

——2018年全国共接到火灾报警23.7万起，死亡1407人。从人员伤亡分布看，居民住宅火灾死亡1122人，占比79.7%。

——2019年全国共接到火灾报警23.3万起，死亡1335人。从人员伤亡分布看，居民住宅火灾死亡1045人，占比78.3%。

"亡人火灾"有一个非常明显的特点：那就是住宅火灾的死亡人数，所占比例高达惊人的80%左右（图1-2）！准确地说，绝大多数火场遇难者是在家中被烧死的，是在睡觉的时候被夺去了生命。由此可见，加强家庭消防安全教育，减少家庭火灾的发生，提高家庭人员火灾自救互救能力，无疑十分重要。

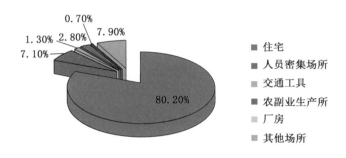

图1-2 场所火灾亡人分布情况

2. "夜间火灾"伤亡概率大

从火灾发生的时段看，有过这样的统计数据：89%的亡人火灾发生在夜间，夜间火灾死亡率是白天的3倍。2018年火灾统计，夜间22时至次日6时发生火灾平均每67起火灾亡1人，而其他时段平均每283起火灾亡1人。为什么夜间火灾伤亡大？因为：深夜是人们睡得最香、警惕性最低、反应能力最差的时候；更重要原因是：火灾燃烧初期很难被发现；当火势较小时，燃烧声音往往也很小，引不起人们的注意；夜间人们熟睡之际，当产生的浓烟和热量将人们惊醒时，火势早已发展到充分发展阶段，产生的烟热一旦封锁疏散通道，便失去了最佳的逃生时机。

除非老弱病残，白天导致人员死亡的火灾案例极少。2015年6月16日中午12时50分，株洲市荷塘区荷叶塘菜市场居民楼2楼204发生火灾，报警人称现场有1人（1984年出生）在火场遇难。白天火灾有人遇难，当时我的第一反应是遇难者没有自主逃生能力。当询问得知遇难者很年轻且行动正常，很是意外的我，立即赶到了现场寻求遇难原因。最终结果是，遇难者因吸食毒品自焚，点火后脚卡在了阳台护栏和防盗窗之间，逃生受阻才导致了悲剧的发生。

3."小火亡人"伤亡概率大

近年，一个全新的概念被频繁提起，那就是"小火亡人"。顾名思义，就是指火灾经济损失少、过火面积小，却造成人员死亡的火灾事故。如电动车、电缆井火灾，燃烧面积仅几个平方米，却造成了多人遇难。2013 年至 2017 年，全国因电动自行车火灾死亡 233 人，其中较大以上亡人火灾 34 起，死亡 142 人。电动车火灾亡人俨然成为火灾亡人的"重灾区"。2015 年，河南省郑州市金水区西关虎屯新区一单元楼梯间内接线箱发生火灾，过火面积仅 4 m^2，却造成 15 人死亡。区区小火却导致如此悲剧，痛惜之余我们更应该深刻反思，根源是人们消防意识淡薄，火场求生知识匮乏。

4."亡人火灾"现场求生可能生还的概率大

事实上，凡是有自主行动能力的火场被困者，如果他们掌握了正确的火场求生技能，懂得如何正确求生，他们火场生还概率很大。我亲历过很多亡人火灾现场，也关注过很多亡人火灾案例。每次面对火场遇难者，我都会反问自己：难道他们真的没有一点生还机会吗？答案当然是完全否定的。凡是有自主行动能力的遇难者，绝大多数还是有生还可能的。有行动能力而没有生还的火灾案例，1993 年入伍以来，我只发现 1 例（云龙新区门面火灾，导致了 3 名小孩死亡）。

2017 年 6 月 22 日，杭州保姆纵火案，是一起全国极为典型的家庭火灾亡人案例。火灾中母子 4 人被困窗口，因燃烧猛烈且被困高楼等原因，被困者最终没能成功逃生。这起火灾在网络上有一张平面图，直观地呈现了房间结构、燃烧范围、被困位置等情况，单从这张平面图，可以找到多种提高生还可能的求生方法（书中会详细介绍）。

类似的家庭火灾绝不是个案，而是普遍现象。如果火场被困者、近邻、物业人员真正懂得火场自救和互救，火场遇难者多数有生还可能。2015 年宁波海曙区文苑风荷小区火灾，母亲和双胞胎哥哥不幸遇难。母子被困窗口的不锈钢防盗窗完全有可能破拆。2018 年，中山古镇江南海岸花园复式楼火灾，全家 6 口葬身火海，如果第一时间往有外围避难点的房间跑，可能不会出现这样的悲惨结果，其外墙明显具备竖管攀爬逃生的条件。2019 年 12 月，重庆涪陵区踏水桥小区火灾，4 辈 6 人火场死亡。现场有人找到了绳子，试图将绳索从楼上的窗口放下去，捆绑在被困者身上，将被困在卫生间窗口人员救下来。如果现场有人第一时间想到或提醒将消防水带递交给被困者，利用消防水枪直接出水可以阻止高温向被困者逼近，且利用水带捆绑在身上也可以直接吊升。这样被困人员获救的可能性会大为提高。

之所以说"亡人火灾"现场求生可能生还的概率大，主要是想告诉读者：火灾时保持冷静，积极主动，火场求生的概率还是很大的，关键是要提升火场求生的技能。

第二章

"被困火场"怎么办?

能跑出去，当然最好

发生火灾，能第一时间安全地跑出去，肯定是火场逃生最好的选择。

事实上，在大多数火灾中，人们都会在被困之前，在浓烟和高温没有完全封锁疏散通道之前跑出去，这是我们最基本的逃生本能。而如何安全地跑出火场，是值得我们认真思考的问题。

一、逃生有高招：把握"跑为上计"的正确时机

☞ **读者思考**

【问题1】发生火灾从家中跑出去，大多数是短距离逃生，短距离逃生防烟，比"捂湿毛巾"更好的方法是什么呢?

答：_____

_____。

【问题2】"捂湿毛巾"从有烟雾的楼梯间往下跑，是最主要的消防逃生演练模式，你知道消防逃生演练和真实火场逃生最本质的区别是什么吗?

答：_____

_____。

【问题3】当住宅楼楼梯间"烟雾弥漫"时，你会选择"捂湿毛

巾"通过楼梯间逃生吗？

答：_____

_____。

【问题4】消防逃生演练中，"捂湿毛巾"的主要作用是什么？

答：_____

_____。

【问题5】"捂湿毛巾逃生"的方法大家都知道，那么，你知道湿毛巾捂嘴防烟的操作要点是什么吗？

答：_____

_____。

【问题6】"湿毛巾"可以防一氧化碳、二氧化碳和有毒气体吗？

答：_____

_____。

如何从火场安全地跑出去，火场什么时候能跑，什么时候不能跑，以及在逃生中如何防烟？大家应该遵循"能跑则跑"、"能快则快"、"往安全出口跑"、"往无烟楼梯间跑"、水平逃生"短距离防烟深度呼吸跑"、垂直逃生"楼梯间有烟基本不能跑"的6条原则。

（一）能跑则跑：火场逃生不能错失良机

火场逃生，时间就是生命，晚一秒就可能失去生命！请记住：争分夺秒，要与死神赛跑。火灾中本来有机会跑出来，却因为缺乏基本逃生意识而错失逃生良机，导致被困甚至命丧火场，就十分不值得了。错失逃生机会，主要有以下几种情况。

1. 贪恋财物

2017年12月11日，浙江宁波某工艺品公司发生火灾，本来所有员工都成功撤离火场。但是，有一名员工重新返回火场，再从火海中冲出来时，已被烧得体无完肤（图2-1）。而她重新进入火场的原因竟然是为了拿手机。遭遇火灾，还有什么比生命更重要！请记住：

钱财乃身外之物，切莫贪恋财物。

2. 灭火不成功被困火场

发生火灾时，要坚持"外围灭火"的原则，即灭火一定要在"有路可逃"的情况下进行。简单地说，就是要在邻近安全出口的方位实施灭火。打得赢就打，打不赢就跑！一定不要选择在火灾的内侧灭火，一旦火势无法控制，逃生路线被堵，你便可能将自己关在笼子里。千万不能因为灭火不成功，反而导致自己被困火场。

3. 找毛巾防烟浪费了逃生时间

家中着火了，如果需要穿越浓烟逃生，你会寻找毛巾吗（图2－2）？我曾在家中做过这样的测试，从起床（不穿外衣）开始计时，用正常的速度完成寻找、打湿、拧干、折叠和捂着毛巾，共耗时33 s。家庭火灾，当卧室到入户门的疏散通道已经有烟雾蔓延，30 s的火势扩大和烟雾聚集，足以让你失去宝贵的逃生良机。所以我给你的答案是，一定坚持"能跑则跑"的原则。很明显，大多家庭从室内到室外距离很近，如果说你找毛巾防烟还能跑得出去，那第一时间憋口气跑出去的可能性会大得多，你还有必要找毛巾吗？

图2－1　重返火场拿手机被重度烧伤

图2－2　到卫生间找毛巾

在一组消防宣传漫画中,有这样描述:"你瞧瞧,卫生间死的还真不少。这是为啥?告诉你吧,这是为了去把毛巾来找。"厕所遇难者,虽然不全部是"因为找毛巾"才去的厕所,但肯定有很多人是"为了湿毛巾"而失去了逃生良机。我们每个人必须清楚地认识到,家中发生火灾,不要为了防烟去找毛巾,应该直接跑。

(二)**"能快则快"**:火场逃生姿势要正确

曾经看到过这样的广告词:"用湿毛巾捂住鼻口,过滤烟雾;采取匍匐式前进逃离。"火场逃生时要低姿,要以"弯腰、匍匐甚至是抱头"的方式前进,那么,真正在火场应用这种姿势逃生时,会出现哪些问题呢?图2-3为匍匐逃生大演练,这样的演练真的行得通吗?

图2-3 匍匐逃生大演练

(1)低姿的主要作用是什么呢?我们普遍认为,低姿的主要作用是防烟。只有经常出入火场的消防员才会深刻体会,低姿可以防烟,但更大作用是防高温。在家庭火场逃生中要重视防高温。前面已经提过,家庭逃生距离短,防烟根本不是问题,憋口气就能突破烟雾区,被困者真正需要解决的是如何突破高温?弯腰低姿逃生,可有效地减少上层烟热对人体面部和呼吸道的灼伤。

(2)火场烟雾,分层明显吗?烟雾分层多出现在住宅过道(图2-4)和较大的室内空间。家庭发生火灾时,因为室内空间小和热对流作用,在火势发展阶段,多数情况烟雾会弥漫整个房间;而楼梯间因上下贯通,烟雾分层现象更是少见(图2-5),采用匍匐的姿势防烟,作用并没有我们想象的那么明显。

图 2-4　过道烟雾分层　　　　　图 2-5　楼梯间烟雾不分层

（3）匍匐前进（抱头）时，双手如何捂毛巾呢？而经楼梯间逃生，如果采用匍匐姿势，你能前进吗？很明显，只有在家庭"固守待援"时，可以捂毛巾"原地匍匐"，这样可以减少烟雾的吸入量，而"捂毛巾匍匐前进"是完全不可取的做法。

（4）跑步比匍匐式前进速度快多少呢？经过测试的数据是：跑步速度是匍匐爬行速度的 4 倍，匍匐前进明显会影响逃生速度。通过烟雾区时间越长，危险也越大；减少在烟雾区停留时间，无疑是防烟更有效的策略；与其捂着一条只能防部分烟雾的毛巾在烟雾中"爬行 1 min"，肯定不如憋气"跑步 15 s"。

（5）如果火场烟热蔓延到需要你匍匐时，你能爬得出去吗？如果火场温度很高，弯腰低姿也无法抵御高温和浓烟时，你基本上已经丧失了"向外逃生"的机会，"固守待援"才是你正确的选择。

所以，火场逃生在考虑防烟、防高温的基础上，必须坚持"能快则快"的原则。为了防烟防高温，应该弯腰低姿，而匍匐前进（甚至是抱头）则完全没必要。火场逃生，速度更是关键。多数亡人火灾发生在夜间，如果你在熟睡中一旦发现家中着火，一定要记住：你应该迅速从床上"弹起来"大声呼喊家人往外跑。

（三）往安全出口跑：火场逃生必须方向正确

火场逃生最终目的是要逃到建筑外围或者建筑内的安全地点。所以要选择往有安全出口的方向跑。俗话讲:进山需谋出山路。在生活和工作的地方,应该有意识地了解安全出口;而在新环境中更需要注意安全出口的位置。

家庭火场逃生的安全出口,不仅包括家庭入户门(防盗门)、地面出口和天台出口,还包括低层窗口。当低楼层被困火场,被困者与其通过烟雾区逆火逃生,不如选择窗口逃生,很可能会更安全。

图2-6 防盗门

(1)防盗门(图2-6):家庭火灾最主要的安全出口。

(2)地面出口(图2-7):跑到建筑外围,代表成功逃离火场。

(3)天台出口(图2-8):近距离逃生可往天台跑(确定天台门未上锁)。

图2-7 地面出口

图2-8 天台出口

(4)低层窗口(图2-9):不容忽视的安全出口。

图 2 – 9　低层窗口

家庭消防预案1：你的居家环境，可以逃生的安全出口分别有____。

（四）往无烟楼梯间跑：火场逃生必须路线安全

"捂湿毛巾从有烟雾的楼梯间往下跑"，在校园（单位）逃生演练中普遍流行。大家是否考虑过，多数教学楼至少有两个以上楼梯间，为什么要鼓励学生捂着一条只能防部分烟雾的湿毛巾往有烟雾的楼梯间跑呢？当楼梯间有烟雾时，基本可以判定起火点在楼下（上层起火的可能性有，但极少见），越往楼下跑越接近火源，不但烟雾更浓，温度也会越高。所以，选择没有烟雾的楼梯间逃生才是最明智的决定（图2–10）。

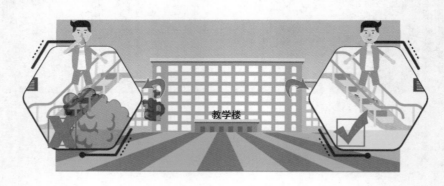

图 2 – 10　火场逃生：往无烟楼梯间跑

家庭消防预案 2:你的居家环境,通往地面安全出口有＿＿＿＿个疏散楼梯间。

在我们的居家环境中,多数情况下只有一个入户门和一个楼梯间。如果疏散通道烟雾弥漫(房间或楼梯间)时,是跑还是不跑?又该如何跑呢?正确的做法是:水平逃生"短距离防烟深度呼吸跑",而垂直逃生"楼梯间有烟基本不能跑"。

(五)水平逃生"短距离防烟深度呼吸跑":学习最佳的移动防烟方法

在跑动中如何防烟,以前我们学习的是"捂湿毛巾"。下面介绍一种全新的移动防烟方法:手指防烟逃生法,也可以称之为"深度呼吸跑"。

1. 手指防烟逃生的操作方法

用拇指、食指塞住鼻孔——张嘴深呼气后深吸气(在进入烟雾区之前,快速完成呼气和吸气动作)——紧闭嘴巴憋气——小跑逃生。

(1)拇指食指塞住鼻孔:记住是塞住而不是捏住(图 2 - 11),因为塞鼻孔比捏住鼻孔的感觉更舒适,并且防烟效果更好。

图 2 - 11 请记住:是塞鼻孔!

（2）深呼气后深吸气的作用：深呼气可以呼出更多二氧化碳（CO_2），而深吸气可以吸入更多氧气（O_2），可以为自己争取更多的逃生时间。

2. 手指防烟逃生的优势

相比"捂湿毛巾跑"，"手指防烟逃生"有着不可替代的优势：

（1）不会错失逃生良机。"手指防烟逃生"可以第一时间逃生，不必因寻找、折叠和打湿毛巾浪费时间。如果捂毛巾后还可以成功从火场逃生，那么"手指防烟逃生"跑出去的可能性会更大。

（2）防烟防毒更全面。捂湿毛巾毕竟只能防部分烟尘，而堵塞鼻孔和紧闭嘴巴可以防全部烟雾，更可防二氧化碳和有毒气体。

（3）操作更简单。塞鼻孔没有技术含量，大家一学便会；而捂毛巾则是一个相对的技术活：逃跑姿势、拧干程度、折叠层数、捂口鼻方法、呼吸方式都会影响其效果。即使是演练，也很少有人能够正确操作，更何况是在被困火场的紧急情况下。

（4）完全满足家庭火灾水平逃生的防烟需求。在《建筑设计防火规范》中，对住宅建筑安全疏散距离有明确规定："房间内任一点至房间直通疏散走道的疏散门的直线距离最大不能超过 22 m"。简单地说，就是从家中跑出来，最远不会超过 22 m；而采用深度呼吸跑防烟，水平逃生 50 m 根本不是问题（垂直可逃生可跑 3 层楼）。我们不妨做一个体验，塞住鼻孔从家中跑出来，你会发现，如此短距离逃生，完全没有找毛巾防烟的必要。

家庭消防预案 3：从家庭最远位置深度呼吸跑，你可以跑出入户门吗？＿＿＿＿＿＿＿＿＿＿＿＿＿＿＿＿＿＿＿＿＿＿＿＿＿

＿＿＿＿＿＿＿＿＿＿＿＿＿＿＿＿＿＿＿＿＿＿＿＿＿＿＿。

事实上，憋气逃生的距离远大于家庭火场逃生的实际距离，手指防烟逃生能适应绝大多数火场水平逃生需求。但不可忽视的一点，这种方法和"捂湿毛巾跑"一样，只能防烟不能防高温。所以，手指防烟逃生也有其致命的局限性。

3. 手指防烟逃生的适用前提：有足够把握突破高温

浓烟一直被我们认为是火场的第一杀手。说到火场逃生，大家自然想到的是用湿毛巾、防毒面具来防烟，但又有多少人想过如何防高温呢？被困火场，遇难者真正不能突破的是高温，而不是浓烟。纵观住宅亡人火灾：死者遇难点距离安全出口的距离，绝大多数在 10 m 以内。那么，如此之短的距离，他们为什么不能跑出去呢？如果说仅仅防烟就可以逃生，那么实在太简单，手指防烟逃生基本可以解决问题。很明显，因为燃烧封锁了逃生通道，遇难者无法突破高温屏障。如果"浓烟窒息身亡"是火场亡人的直接原因，"高温受阻"则是火场亡人的间接原因。在绝大多数情况下，是因为高温阻碍了逃生，才会导致浓烟窒息身亡。2017 年 11 月 8 日，株洲市荷塘区新屋街一水果门面火灾，在一楼门面可以燃烧的物质并不多（图 2 - 12），男户主从门面二楼穿越烟火区逃生，最终不治身亡。事实上，我们血肉之躯，很难承受几百度的火场高温。

地毯、营业台
未过火

图 2 - 12　水果门面火灾

（六）垂直逃生"楼梯间有烟基本不能跑"：破解火场逃生误区

垂直逃生，自然是指通过楼梯间向上或向下逃生。垂直逃生，主要分为家庭内部楼梯间逃生和家庭外部楼梯间逃生。

　　家庭内部通过楼梯间的垂直逃生，主要有复式楼、门面阁楼和门面夹层3种居家形式（图2－13）。家庭内部火灾，当楼梯间有烟雾时，在火势很小的情况下，如果你有足够把握突破高温，当然是"能跑则跑"。楼下火灾产生的高温烟热会迅速通过楼梯间向上蔓延，并很有可能引燃楼上可燃物，如果被困者没有及时逃离火场，无疑将处于极其危险的境地。

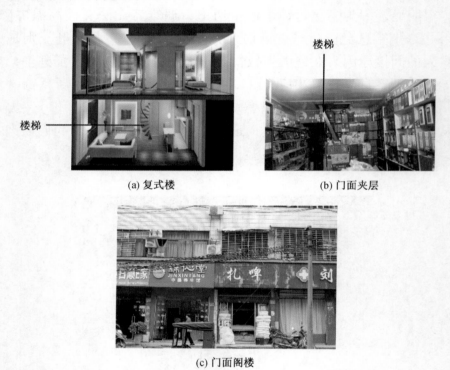

(a) 复式楼　　　　　　　　　(b) 门面夹层

(c) 门面阁楼

图2－13　常见居家楼梯形式

　　家庭外部楼梯间有烟情况下垂直逃生是一个严肃的问题，需要慎重对待。当楼梯间有烟雾时，是跑还是不跑呢？这是很多人的困惑。多数人观点是不要跑；但也有人指出："在高层建筑发生火灾，不管大火还是小火，都要当机立断向下逃生。"到底谁是谁非呢？我们用事实来说明，惨痛的教训足以警醒大家！

1. "楼梯间有烟基本不能跑"的原因

1) 用亡人事实说明

例证1: 住宅火灾疏散通道人员伤亡极为惨重。

2015年1—10月火灾统计数据: "全国居民住宅火灾死亡961人,有六成遇难者死在疏散通道上",也就是说有576名遇难者在楼梯间或建筑过道中死亡。这576人,如果在家中"固守待援",他们有些可能不会死亡。我们有理由相信:他们中间肯定有人"捂着毛巾往下跑",选择了往有烟雾楼梯间跑的错误逃生。如果他们接受的教育是:"楼梯间有烟不能跑",他们还会往下跑吗?还会"明知山有虎,偏向虎山行"吗?

例证2: "小火亡人"楼梯间伤亡极为惨重。

近年小火亡人案例可谓是层出不穷,试图通过楼梯间逃生者倒下了一批又一批。最为典型的是楼梯间电动摩托车、电表箱、电缆井和楼梯间门面火灾。公消〔2015〕368号文件通报的4起亡人火灾,均是典型的小火亡人火灾,其燃烧面积都不大,一起是室外摩托车起火,却造成了6~13人的死亡。面积如此之小的火灾,如果遇难者躲在家中不跑往楼梯间,几乎可以肯定不会有伤亡。正是因为错误选择往有烟雾的楼梯间逃生,才导致了悲剧发生。

2015年7月11日,武汉市汉阳区紫荆嘉苑小区电缆井火灾,燃烧面积仅1 m²,死亡人数却高达7人!出于惊讶,火灾后我赶到火灾现场探寻真相。在与一名住户交流时,他说了这样一句话:"跑出来的都死了,没跑出来的都没事。"这句话,是回答"楼梯间充满烟雾时跑与不跑"最有力的答案。

2) 用案例成败对比说明

"捂湿毛巾"通过有烟雾的楼梯间逃生,一直是我们倡导的做法。那么通过有烟雾(浓烟)楼梯间往下跑逃生,成功和失败案例各有多少呢?

成功案例少: 通过百度搜索"毛巾逃生"+"成功",你会发现,可以找到的成功案例不多。其中,"楼梯间电动车火灾捂毛巾从二楼窗口跳下"应不算楼梯间有烟捂毛巾逃生的成功案例，"室外车棚火灾81岁老人捂毛巾逃生"是在楼梯间烟较少的情况下发生的。

中华人民共和国公安部

公消〔2015〕368号

关于辽宁省沈阳市和平区东北大学家属区
一居民楼发生较大亡人火灾的通报

各省、自治区、直辖市公安消防总队，新疆生产建设兵团公安局消防局：

A：2015年12月31日1时57分，沈阳市和平区东北大学家属区一居民楼一层楼道内杂物起火，沈阳市公安消防支队接到报警后，立即调集5辆消防车、24名官兵赶赴现场扑救，全勤指挥部遂行出动。2时12分，消防官兵到达现场，2时35分火被扑灭，过火面积约3平方米，在楼道内发现6人死亡，分别位于1层、1层半、2层半、3层、3层半、4层楼道内。该居民楼为7层砖混结构，每层6户，火灾原因正在调查。另外，今年以来，B：浙江省台州市玉环县玉城街道解放塘农场新民小区"1·14"火灾造成8人死亡、3人受伤；C：河南省郑州市金水区西关虎屯新区住宅楼"6·25"火灾造成13人死亡、4人受伤；D：湖北省武汉市汉阳区紫荆嘉苑小区"7·11"火灾造成7人死亡、12人受伤，居民楼院亡人火灾多发，教训十分深刻。

通过分析真正捂毛巾逃生成功的案例，我们不难发现，大多集中在建筑外围防护网和保温层火灾，发生在建筑物外围燃烧的时候。在火势全面蔓延封锁楼梯间之前，捂湿毛巾向下逃生，是可取的火场逃生方法。但前提条件是：你有足够的把握突破楼梯间高温烟热。而被困者在逃生前如何做出正确判定，显然十分困难。上海静安区

"11·15"教师公寓楼火灾,虽有捂毛巾成功逃生者,但更有58名火场遇难者。在火灾中,有些人没有选择往下跑,而是逃至顶层成功避难(网上信息20多人),很显然这是明智之举(图2-14a);而当外围防护网烧完之后,也有很多被困者通过攀爬外围脚手架逃生(图2-14b),他们应该也不具备捂毛巾从楼梯间向下逃生的条件。

(a) 顶层避难　　　　　　　　　(b) 通过脚手架逃生

图2-14　上海静安区"11·15"教师公寓楼火灾

失败案例多:楼梯间有烟(浓烟)往下跑,对比成功案例,用"失败案例极多"来形容毫不为过。"小火亡人"多发和"疏散通道伤亡惨重",无疑是楼梯间有烟(浓烟)往下逃生的失败案例。2019年5月5日,广西师范大学漓江学院附近民房楼梯间电动车火灾,导致5死38伤,伤亡者绝大多数为在校大学生。类似疏散通道伤亡火灾,如果遇难者固守待援,不错误往下跑,很显然被困者不至于"阵亡在逃生路上"。

3)用烟雾来源说明

楼梯间有烟雾时能否往下跑,只需要想清楚烟雾的来源,就能做出正确的选择。

（1）产生烟雾的燃烧物质不同：演练和火场的烟雾来源完全不同。

在学校、单位、教育基地、营地训练、VR体验的消防逃生演练中，参训者捂着毛巾从"烟雾弥漫"的楼梯间或者模拟烟道中逃生，其烟雾来源为烟雾弹和烟饼，体验者因为热量少自然可以跑过去（图2-15）。而火场是真正燃烧，会产生大量高温和有毒气体。试想如果楼梯间两台电动车起火（图2-16），你捂着毛巾往下能跑出去吗？

图2-15　演练现场：　　　图2-16　楼梯间电动车起火（高温）
烟雾弹燃烧无高温

（2）烟雾的来源位置相同：楼梯间烟雾基本来自楼下。

燃烧产生的烟雾，因受温度影响基本上是向上蔓延的。有烟雾表示有燃烧，楼梯间有烟雾，则表明燃烧在下方，越往下跑越接近起火点。常见的楼梯间烟雾有以下3种来源：

一是楼梯间内部燃烧。包括楼梯间内的电动车、电表箱、堆放杂物、电缆井火灾，以及与楼梯间连通的地下车库火灾，都属于楼梯间内部燃烧。当它们发生火灾时，烟热会迅速在楼梯间聚集。

二是邻近楼梯间的房间敞开式燃烧。在住宅建筑中，多数入户门与楼梯间相邻。在入户门敞开或者门被烧穿的情况下，室内燃烧产生的烟热会通过入户门直接与楼梯间互通，事实上也等同于内部燃烧。当然，楼下发生火灾，如果防盗门紧闭，烟雾大多数情况下不会浸入楼梯间，楼梯间无烟或很少烟，自然可以迅速逃生。

三是邻近楼梯间的外围燃烧。有的建筑物，楼梯间的外围堆放有大量可燃物，发生火灾时，虽然燃烧在外围，但因为风向等因素烟热会飘至楼梯间。

不管是什么燃烧，楼梯间有烟雾情况下如果盲目往楼下跑，越往下跑便越接近火点，温度会越高、烟雾会越浓，越往下越有可能阵亡在逃生路上。

综上所述，我们有充分的理由相信，当楼梯间有较多烟雾时，往下跑是十分危险的事情。所以，垂直逃生"楼梯间有烟基本不能跑"。但凡事无绝对，在极少数特定情况下，可以选择从有烟雾的楼梯间跑。

2. 选择从有烟楼梯间逃生的判断标准

什么情况下可从有烟楼梯间跑？可以参照以下3个标准进行判断。

1）以是否会发生"全面燃烧"为标准

如果不跑，火会烧上来，怎么办？这是很多人担心的问题，更是很多人在楼梯间有烟还往下跑的原因。居家环境发生"全面燃烧"的可能性肯定有，但极其少见。建筑内部可燃物高度集中，外部有蔓延途径，是发生全面燃烧的普遍规律。常见火灾实例主要有：一是本身为极易燃烧的建筑，如木质建筑（图2-17）；二是楼附近有可能发生猛烈燃烧的建筑物，如楼下设置有可燃物高度集中的仓库（图

图2-17 木质建筑

2－18）；三是可能发生"跨越式燃烧"的建筑，即建筑外围有蔓延途径且内部可燃物多，如 2010 年 11 月 15 日，上海教师公寓楼因建筑外围脚手架防护网和可燃物导致全面燃烧；2017 年 6 月 14 日，英国伦敦公寓楼因保温层蔓延导致全面燃烧；2020 年 1 月 1 日，重庆加州花园因可燃性雨棚导致的全面燃烧；2020 年 6 月 30 日，成都首创国际小区因窗口过近蔓延燃烧等。

仓库与住宅间
防火间距不够

图 2－18　居宅附近设仓库

　　以上类型建筑发生火灾时，我们可以选择"能跑则跑"，但必须在火势全面蔓延之前，在楼梯间没有烟雾（或少烟）之前跑出去。当烟雾已经弥漫楼梯间，说明火势已经发展到一定阶段，你能跑下去的可能性本身就不大。如何防止"全面燃烧"导致人员伤亡，事实上从有烟楼梯间跑很难解决问题，最好的办法就是消除火灾隐患，加强消防安全检查、管理。

　　2）以楼梯间是否有"水平出口"为标准

　　如图 2－19 所示，水平方向有出口的楼梯间，是指楼梯间除通向住户家门以外，在水平方向上还有其他出口（即有两个及以上安全出口）。相反，水平方向无出口的楼梯间，是指楼梯间只在顶层和地面有安全出口，在水平方向没有其他安全出口的楼梯间形式。水平方向无出口楼梯间烟热更容易聚集，逃生更危险。在你逃生的过程中，如果烟热让你无法忍受时，你很难重新返回家中避难。而水平方向有出口，当楼梯间烟热过高时，你可以通过水平方向其他出口逃生。

(a) 有水平出口

(b) 无水平出口

图 2－19　楼梯间"水平出口"

家庭消防预案4： 你的居家楼梯间形式是＿＿＿＿＿＿＿＿＿＿楼梯间。

你居家环境，如果是水平方向有出口的楼梯间，火场逃生相对更加安全；如果是水平方向无出口的楼梯间，当楼梯间烟雾弥漫时，选择在家"固守待援"可能更安全。

3）以"距离和温度"为标准

通过楼梯间逃生时，距离远近并没有相关的具体标准。

根据"深度呼吸跑"的测试数据，我们可以将"深度呼吸跑"垂直逃生标准确定为"最多跑一层"，即向上跑一层可以顺利到达天台，而向下跑一层可以安全通过着火层。对温度的要求，则是必须有足够把握突破"烟热层"。

楼梯间有烟雾时，当逃生距离为一层，你有足够把握突破"着火层"，可以选择穿越有烟雾的楼梯间逃生；而当逃生距离很远超过一层，不管温度高低，均不宜往外逃生。

当楼梯间充满烟雾时，被困者往下逃生主要受到两种心理的影响：一是担心"火会烧上来"的恐慌心理；二是相信"捂毛巾往下跑"可以逃生的侥幸心态。"楼梯间烟热过浓过高，根本跑不了"是很多火场逃生者的亲身体验，他们绝大多数因不能逃生而得以生还；而当楼梯间烟雾不浓、温度不高时，很多人便会选择往外跑，人员恐慌、楼梯间拥挤、毒烟越聚越多，这才是导致逃生人员楼梯间死亡的最主要原因。由于逃生距离远，逃生者根本不能判定是否有把握突破"烟热区"。燃烧使烟热不断聚集，向下逃生更接近着火点，而向上逃生烟热在高处聚集。"越跑越受不了，想要返回房间已经来不及了"，这是楼梯间生还者的真实感受。他们昏倒后，部分被消防员成功营救，而部分人的"火场逃生"，最终变成了"火场丧生"。

当楼梯间充满烟雾时，绝大多数情况下不要选择通过楼梯间向下逃生。请谨记：垂直逃生"楼梯间有烟基本不能跑"！

3. 消防逃生演练误区

"楼梯有烟基本不能跑"，这与我们熟知的消防逃生演练方法完全相反。"捂湿毛巾往下跑"是学校（单位）消防逃生演练最普遍模式。被困火场"捂湿毛巾逃生"，已然成为全民共识。在面向社会的消防安全教学推广中，我不少于50次提问，火场应该如何逃（求）生？大家基本上都会回答或填写"用湿毛巾"。其中占比最少的一次"调查问卷"，在73人上交的问卷中，有60人回答火场逃（求）生使用"湿毛巾"，占比82%，而对火场求生的其他方法却知之甚少。湿毛巾的作用是防烟，这的确有一定的科学依据，但能防烟并不代表能逃生。

本书不倡导"捂着湿毛巾往外跑"，特别是"捂着湿毛巾从楼梯间往下跑"，主要理由和依据是：

（1）影响消防教育效果。全民消防安全教育，特别是火场逃生演练，从生产厂家（VR体验等）、教育基地、单位学校、新闻媒体、书籍教材，都讲"毛巾捂口鼻逃生"，而每个学校、每位教师、每个年级、每个年度也基本以毛巾为重点进行消防演练。而事实上，捂毛巾只是火场防烟的一种方法，而防烟也只是火场求生的一个方面。不给学员讲清毛巾逃生的适用条件，便会导致被困者"阵亡在逃生路上"；而不练毛巾之外的其他求生方法，便会导致被困者"错失其他求生良机"。我们过于重视湿毛巾求生教育而忽视了其他求生教学，这便是全民消防安全教育效果最真实的现状。

（2）操作难度较大。大多数亡人火灾发生在夜间，在黑暗和烟雾条件下不一定能找到毛巾。火场逃生时，"衣服比毛巾好找""尿液防烟效果比水好"。湿毛巾捂嘴本身就是一个技术活，没有经过专业的培训，在紧急情况下人们很难正确操作。大家都知道用毛巾逃生时应该打湿、拧干、折叠8层，这些固然很重要，但并不是全部要点。捂着毛巾时，嘴巴微张呼吸比用鼻孔呼吸效果好；同时，通过更换毛巾的捂嘴位置，可以更好地起到防烟效果。

（3）方法指导不当。火场逃生姿势，我们应该倡导弯腰低姿，不提倡匍匐和抱头。

（4）防烟效果差。一是毛巾只能防烟雾中的部分微粒，当烟雾很浓时，其防烟效果也会明显降低，在烟雾中的作用时间十分有限；二是毛巾不能防二氧化碳、一氧化碳和有毒气体；三是在氧气深度低于17%的情况下，湿毛巾同样不能发挥作用。

（5）基本不防高温。在消防逃生演练中，倡导"捂着湿毛巾往有烟雾的楼梯间跑"，这是一种极为错误的理念。有烟表示有燃烧，有燃烧就会产生高温；同时，楼梯间有烟可以基本确定燃烧在下方。越往下跑就越接近起火点，相对于火场高温，相对于整个身体，毛巾对面部降温效果根本不值一提，盲目逃生无疑是"飞蛾扑火"。

（6）错失逃生时机。寻找、打湿、拧干、折叠毛巾所花费的时间，很可能让你错失逃生良机。室内的水平逃生，以及复式楼、门面等室内楼梯间的垂直逃生，"手指防烟逃生法"直接跑出去，生还机会无疑更高，完全没必要为了找毛巾而浪费时间。

（7）适用时机极少。火场逃（求）生防烟，具体可以分为"水平逃生防烟"、"垂直逃生防烟"和"固守待援防烟"3种情形（图2-20）。不管哪种情形，毛巾防烟的适用性都有限。

一是水平逃生防烟，《建筑设计防火规范》对住宅安全疏散距离有明确规定，从户内任一点至入户门的直线距离，最多不超过22 m。

①水平逃生，距离很近，防烟无须找毛巾

②垂直逃生，距离很近，才能向外逃生

③垂直逃生，距离太远，不应（宜）搭毛巾往外跑

④固守待援防烟，毛巾是较差选择

⑤垂直逃生，距离很近才能向外逃生

楼梯间

楼梯间

图 2-20　火场逃（求）生防烟

此距离的确定充分考虑了人员疏散的安全，所以，家庭火场逃生绝大多数情况距离非常短。如果找到毛巾和打湿毛巾，你还能够跑出火场，那么你直接跑出去，生还的可能性会大得多。测试表明，在一切顺利的情况下，找到、打湿、拧干和折叠毛巾需要的时间约 30 s；而在这至少 30 s 的时间内，火势的发展和烟热的蔓延，会让你"火场逃生的可能性急剧下降"。此时，若采用短距离"深度呼吸跑"，其防烟效果完全优于"湿毛巾防烟"。大家可以试想一下，客厅起火从卧室跑至防盗门外、复式楼起火从楼上跑到楼下、门面起火从楼上跑到楼下等，如果在有路可逃的情况下，20 m 以内的逃生距离憋口气便过去了，还有必要去找毛巾吗？家庭内部火灾短距离逃生，找毛巾防烟纯粹是"多此一举"的做法。

二是垂直逃生防烟。垂直逃生，主要是指火灾情况下通过楼梯间逃生。我们必须高度重视是，如果楼梯间有烟，说明燃烧在楼下，说明起火点与楼梯间互通；越往下跑越接近起火点，这无疑是极其危险的事情。如果逃生距离太远，不建议向室外逃生。楼梯间有烟雾时，只有当逃生距离非常短（以一层为限），并有充分把握"突破高温"，才可以选择向楼上或楼下逃生。向上逃生，是指向楼上跑一层可以到达天台；向下逃生，是指楼下住户室内火灾，向下跑一层可以穿越烟雾区。与水平逃生防烟同样道理，当距离很短时，自然也没有必要找毛巾防烟，利用"深度呼吸跑"完全可以跑出去。

三是固守待援防烟。固守防烟是指被困家中固守待援时，在不移动情况下的防烟。固守待援防烟，事实上有很多有效的方法，毛巾毕竟只能防部分烟雾，绝对不是最佳的选择。在"防烟有高招"中会详细介绍多种比毛巾防烟更好的方法，你可根据具体情况选择。只有在多人被困，防烟工具不足时，可以用毛巾捂口鼻固守待援防烟。

综上，水平防烟不必找毛巾，垂直逃生楼梯间有烟雾时往外逃本身就是错误，而固守待援时防烟，又有很多方法比捂毛巾防烟好，适用湿毛巾防烟机会少。只有当多人被困防烟工具不足时，才考虑捂毛巾防烟。在固守待援时，湿毛巾的真正作用不是捂嘴防烟，而是覆盖门缝防烟。

二、疏散有高招：兼顾"内外结合"的疏散路线

☞ **读者思考**

【问题7】在住宅建筑中，当相邻住户的窗台、墙裙、雨搭之间距离不足 2 m 时，完成跨越便可以到达邻居家逃生，你知道用什么方法完成跨越吗？

答：＿＿＿＿＿＿＿＿＿＿＿＿＿＿＿＿＿＿＿＿＿＿＿＿＿＿＿＿＿＿

＿＿＿＿＿＿＿＿＿＿＿＿＿＿＿＿＿＿＿＿＿＿＿＿＿＿＿＿＿＿＿＿

家庭发生火灾，当正门（入户门）被燃烧封锁无法逃生时，被困人员要及时反应，前面跑不出去，考虑从后面跑，要善于寻找火场

其他可以疏散的途径。疏散通道不仅包括建筑内部疏散通道，还应包括建筑外围疏散通道。

（一）内部疏散通道

2017 年 6 月 22 日，杭州保姆纵火案，母子 4 人不幸遇难。如图 2 – 21 所示，客厅发生全面燃烧，封锁了从主入户门的逃生希望。但这并不是家庭唯一的逃生路线，如果翻越女孩房间卫生间的小窗户，通过保姆房逃生或许会有一线生机。

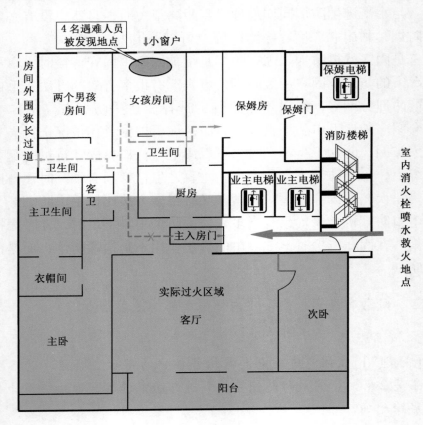

绿色 ----→ —内部疏散通道，卫生间窗口可翻越；

红色 ----→ —入户门疏散通道，高温受阻不能穿越；

橙色 ----→ —外部疏散通道，卫生间窗口可翻越

图 2 – 21　杭州保姆纵火案疏散示意图

图 2–22 是他（她）们疏散路线上需要通过的窗口。

（二）外围疏散通道

家庭安全疏散，"向防盗门逃生"是人们的习惯性思维。很多家庭，在建筑外围同样可以找到疏散通道，如邻近的防盗窗、栏杆、墙裙、竖管等，都可以成为火场逃生通道。2013 年 8 月 28 日凌晨 1 时 20 分，株洲市芦淞区金元大厦（住宅楼）909 室（复式结构，上下两层）发生火灾，共造成 6 人死亡。火灾中，2 名女孩在阳台被火势"逼入绝境"，幸好消防员及时将她们救出。在女孩被困的阳台，外围防盗窗可以很轻松地打开（"破拆有高招"中详细介绍），而在阳台外围至少有 3 条疏散路线（图 2–23）。

在日常生活中，观察一下自己的居家环境，想一想家庭外围的疏散路线有哪些？或许这几分钟的时间，却可以为家人提供最好的安全保障。很明显，在这起火灾中，如果 6 名遇难者留意过外围疏散通道，那么，当火势封锁入户门疏散通道时，他们可以从容不迫地向有外围疏散路线的房间撤离，可以很轻松地从火场逃生。在这里，也要提醒大家，在阳台安装防盗窗时，要给外围疏散通道留置一个安全出口（图 2–24）。防盗固然重要，生命更加珍贵！

(a) 女孩房

(b) 两个男孩房

图 2–22 卫生间的小窗户

家庭消防预案 5：观察一下自己居家环境，家庭内部疏散路有＿＿＿＿＿＿＿＿＿＿＿＿＿＿＿＿＿＿＿＿＿＿＿；

外围疏散路线有＿＿＿＿＿＿＿＿＿＿＿＿＿＿＿＿＿＿＿＿＿＿＿＿＿＿＿。

（三）外围疏散通道要善于跨越

在住宅建筑中，有时相邻住户的窗台、墙裙、雨搭之间距离不足

2 m，我们可以借助窗帘杆、床梁、床板、衣柜门作为桥梁，完成跨越便可以到达邻居家成功逃生（图2-25）。

1号路线：向左可以直接进入邻居家逃生；

2号路线：向右通过空调架、雨搭和自来水管逃生；

3号路线：向下通过邻近防盗窗攀爬逃生

图2-23　金元大厦909室阳台外围疏散路线

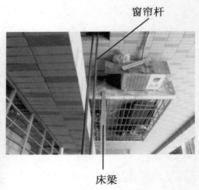

图2-24　防盗窗上开设安全出口　　　图2-25　邻近窗口跨越

◇ **本章核心理念：手指防烟逃生法**

发生火灾，怎么办？"跑"是大多数人的反应；而"捂湿毛巾跑"，更是根深蒂固的理念。请大家牢记，只有距离很短时才能穿越浓烟逃生，而短距离逃生，手指防烟逃生法更加科学有效。

第三章

"跑不出去"怎么办?

固守待援，办法很多

"被困火场"怎么办，重点介绍了火场逃生的有效方法和时机。发生火灾时，大多数人可以成功地从火场跑出去。而火场亡人，则主要集中在"没有跑出去"的少部分人中间。跑不出去，怎么办？我们要坚信"固守待援"也有多种求生方法。遭遇火灾，不能只想到跑，火场盲目逃生，逃了不一定生，甚至相反，逃了反而会死。我们在宣扬"火场逃生"的同时，更要研究"逃生不成功"时，如何"火场求生"。"固守待援"绝对不等于"消极等待"。被困火场，我们要迅速进入"战斗状态"，做到及时呼救、积极防御和主动进攻。下面将告诉你如何打赢"固守待援"这场攻坚战。

三、报警有高招： 明确火灾报警的"绝对重点"

☞ **读者思考**

【问题8】拨打119报警时，告知消防员出警位置最关键应该讲什么？

答：＿＿＿＿＿＿＿＿＿＿＿＿＿＿＿＿＿＿＿＿＿＿＿

＿＿＿＿＿＿＿＿＿＿＿＿＿＿＿＿＿＿＿＿＿＿＿＿＿。

【问题9】火场被困报警，对火场求生最有实用价值的报警内容有哪些？

答:_____
_____。

【问题10】 火场被困拨打邻居电话求救,邻居不接听怎么办?
答:_____
_____。

在消防安全培训中,我经常会问"发生火灾,怎么办?"很多人会脱口而出:"打119。"不错,发生火灾应该及时拨打119报警,特别是有人员被困时,正确报警更是至关重要。那么如何正确地报火警呢?

(一) 报警之前应该做什么?

发生火灾及时拨打119报警固然很重要,但是在拨打119报警之前,有更重要的事情需要我们做好:

1. 逃生是第一选择

发现火情,保证自己"有路可逃"才是第一选择,也就是第一章讲的"能跑则跑、能快则快",快速逃离火场后,再报警才是正确的选择。

2. 呼叫是第二反应

第二反应是及时通知被困的"不知情人"。发现着火时,不管火势大小,都应该大声呼叫,更准确地说,应该高声大叫,提醒尚不知情的人员迅速逃离火场。

3. 灭火是第三动作

第三动作应该是迅速扑灭"初起火灾"。当家人安全撤离后,应该"外围灭火"。"外围灭火"是指在着火点外围实施灭火,在火势扩大时保证自己"有路可逃"(图3-1)。外围灭火选择的灭火工具有楼梯间室内消火栓、灭火器,灭火水源有自己家外围水源和邻居家水源。当火势较小,在完全有能力扑灭的情况下,迅速灭火比报警更为重要,要防止因为拨打119电话而错失本来可以扑灭火灾的有利时机。而当火势较大明显无法扑灭时,我们应该及时拨打119报警。

家庭初起火灾扑救,在可能扑灭的情况下,倡导"先灭火后报警"。火场求生,关键在于人们的意识,更重要的是速度。夜间火灾

图 3 - 1   外围灭火原则

初起阶段，人们在睡梦中第一时间很难发现；也就是说，当他们察觉到起火了，高温和烟雾已经逼近他们，表明火势已经发展到一定程度。火势已经处于发展阶段。此时，意识和速度决定生死。要做到迅速逃生、大声呼叫、快速灭火。

（二）报告出警地点重点讲什么？

2017 年 12 月 11 日，我在攸县鸾山中学，开展了"校园逃生演练新模式"的试点教学，现场演练中，针对如何报警我与学生们做了一个现场互动。

提问：我们现在所处这个村叫陶坪村，学校前面这条路叫东城路，东城路 16 号有一个水果门面叫"湘闽水果批发"，知道吗？

学生：知道。

提问：假如湘闽水果批发门面发生火灾，无人员被困，请你用最简单的语言、字数越少越好来报这个火警，想清楚了，请举手回答。

女生 A：鸾山镇陶坪村东城路 16 号湘闽水果批发部发生火灾，无人员被困（声音洪亮，思路清晰，表达流畅）。

点评：你学过主持吧，很不错！下一个。

男生 B：鸾山中学对面门面起火。

点评：非常正确，报警就是这样报的，什么村、什么街道、门牌号码、门面名称,消防员是很难知道其具体位置,而报警人姓名、电话号码、更不必要告知。火灾报警最重要的是报告起火点最重要的参照物是什么?鸾山中学对面门面发生火灾,就非常清楚地告知了消防员的行车路线。

传统的报警要求是这样的:讲清街道名称、门牌号码、燃烧物性质、火势大小、燃烧范围、着火部位、报警人姓名、电话号码(图3-2)。

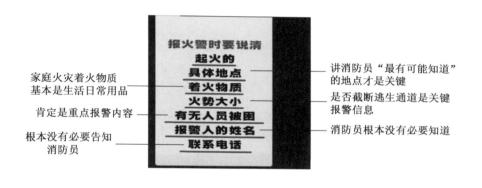

报火警时要说清
起火的
具体地点
着火物质
火势大小
有无人员被困
报警人的姓名
联系电话

家庭火灾着火物质基本是生活日常用品
肯定是重点报警内容
根本没有必要告知消防员

讲消防员"最有可能知道"的地点才是关键
是否截断逃生通道是关键报警信息
消防员根本没有必要知道

图3-2 报警内容"传统"与"现代"要求

按照传统报警要求,女生报警具体到了"东城路16号湘闽水果批发部",似乎女生回答明显比男生全面准确。但事实并非如此,男生报告的"鸾山中学对面",无疑更有利于消防员准确无误地到达火灾现场。而报警人姓名、电话号码在过去没有手机和来电显示时代固然正确,但随着通信技术的进步已明显不必要,所以全民消防安全教育应不断更新和创新。火场人员被困,现场人员正确报警、消防员及时出警,可以有效减少人员伤亡。

结论:报警起火地点请讲"消防员最有可能知道"的"路段名称"或"标志性建筑"。

家庭消防预案6: 火灾报警,你家位置的最佳表述是 _____

（三）报告被困情况关键讲什么？

被困火场，向 119 接警员报告情况不仅速度要快，更为重要的是，应该报告对火场求生有实用价值的关键信息。如何报告被困情况，在这里总结 3 个最为关键的内容，分别是：

1. 第一关键：报告被困楼层

不同楼层被困，近邻和消防员营救的方法会明显不同。如果被困一楼防盗窗，可以直接在地面出水进行人员保护和灭火；而被困高层窗口，想办法将水带、水管从窗口递交给被困者，被困者充当水枪手进行自我保护才是关键。

2. 第二关键：报告被困房间的具体名称和具体方位

具体名称是指被困阳台、主卧室、副卧室、书房、厕所等。在说明被困房间名称的同时，说明具体方位也很关键。报警要非常清楚地告诉消防员，你的被困房间是临近哪一条街道，或者面向哪个方向。比如：被困面向文化路的主卧室、被困在东面的厕所。在杭州保姆纵火案中，女主人在报警中三次说道："我们在北面的房间里"。事实上，这是报警中十分有价值的信息，说明了被困房间的具体方位，不仅有利于消防员第一时间搜救，更重要的是便于近邻（物业、邻居、现场人员）从窗口外围向你传递灭火器材（包括消防水带）、防护装备、破拆工具及下降工具，从而实施最有效的营救。

3. 第三关键：报告被困房间 3 个重点情况

被困房间 3 个重点情况分别是"是否有水源""是否有对外窗口""是否有防盗窗"。水源主要是指房间是否有厕所和水龙头，水不仅可以灭火降温，也可以用来防烟；有对外窗口，会有更多的营救方法；而是否安装防盗窗，则需要考虑如何实施破拆。

报警内容如此之多，火场紧急情况下怎么记得住？当然不用你记，你只需要通过简单的学习和理解，提高基本意识。当接警员询问时，你能够做到准确、快速回答就可以了。

（四）报警求救找近邻

近邻主要是窗口相邻的邻居和物业人员。俗话说："远水解不了近渴"，被困火场能最快伸出援手的人，自然是最近的邻居，或者是值班的物业人员。被困火场时，"远亲不如近邻"有着非常重要的意义。近邻如何通过窗口营救呢？在"近邻帮忙，作用非凡"中做了详细的介绍。根据营救方法，我们需要确定窗口近邻中的"最佳救援者"。通过窗口能够提供最佳救援帮助的邻居就是"最佳救援者"，请保存他们的联系方式。火场被困，在拨打119报警的同时，应该考虑同时拨打"近邻"电话求救。

家庭消防预案7：你手机上是否留存物业的联系方式：_____；
　　　　　　　　　近邻窗口"最佳救援者"联系方式：_____。

事实上，保存近邻联系方式并不能够完全解决问题。如果没有物业，怎么办？如果近邻不接听电话，怎么办？请看火灾实例：2017年6月22日凌晨5时，杭州保姆纵火案，火灾发生时女主人在5点08分和12分两次打电话向邻居求救，但邻居因熟睡并没有接听。如何向近邻报警求救？事实上有很简单的办法：双脚用力跺地板、用窗帘杆、床梁、挂衣架等撞击天花板都可以惊醒邻居。同时，这也间接告知邻居你被困的房间位置。在窗口"晃动手电"和"挥舞毛巾"进行呼救，也是大家熟知的求救方式。事实上，呼救固然重要，但如何施救才是问题的关键所在。在杭州保姆纵火案中，南面客厅全面燃烧，母子4人被困在北面卧室（图3-3）。如果你作为物业和邻居，如何对被困母子实施营救呢？

南面客厅
着火窗户

北面卧室
被困窗户

图3-3 火场人员被困窗口：你如何施救？

四、灭火有高招：使用普遍存在的"灭火工具"

☞ **读者思考**

【问题11】家庭火灾最普遍存在的灭火工具是什么？最有效的灭火方法是什么？

答：最普遍存在的灭火工具是＿＿＿＿＿＿＿＿＿＿＿＿＿；
最有效的灭火方法是＿＿＿＿＿＿＿＿＿＿＿＿＿＿。

【问题12】高层住宅火灾，被困窗口和阳台是最常见的情形，当被困者逼入绝境时，在消防员没有到场前，最好的灭火方法是什么？

答：＿＿＿＿＿＿＿＿＿＿＿＿＿＿＿＿＿＿＿＿

＿＿＿＿＿＿＿＿＿＿＿＿＿＿＿＿＿＿＿＿＿。

不同类型的火灾（如油锅、液化气罐、家用电器、车辆等火灾）有不同的灭火方法，这里所说的"灭火有高招"，主要是针对人员被困情况下的火灾扑救。

作为消防员，我在亡人火灾现场很少看到过遇难者主动灭火的痕迹。而在询问火场生还者时，他们回答最多的是："火太大根本灭不了""火场根本找不到水（灭火器）"。他（她）们所说的确是事实啊！人都被困火场了，火自然很大，的确很难扑灭，而逼入绝境自然很难找到水和灭火器。下面介绍 3 种灭火方法，可以有效解决他们所说的两个问题。

（一）灭火靠自己："接水浇水灭火法"

"火太大根本灭不了"，那么"灭不了就不灭了吗？"当然不是。即使不能直接扑灭火灾，但浇水可以有效地减少火势蔓延速度，可以为消防员到场营救争取更多时间；而更为关键的是，有不少火灾是可以扑灭的，关键是我们没有掌握有效的灭火方法。人员被困火灾，最有可能实现的灭火方法是什么？最"普遍存在"的灭火工具是什么？最有效的灭火流程是什么？相信很少有人知道。下面做一简要介绍。

1. 灭火时机选择

家庭火灾扑救，应该把握以下几个原则：一是坚持"能跑则跑"的原则，即有机会跑必须选择逃生，不能因为灭火错失逃生时机而被困火场。二是坚持"外围灭火"原则，保证在"有路可逃"的情况下灭火。三是坚持"合理选择灭火方式"的原则，在安全有保障的前提下，应根据火灾现场的具体情况确定灭火方式。如果火势很小，可选择隔离灭火、灭火器灭火和接水浇水灭火；如果火势很大，则优先考虑使用室内消火栓灭火。当火势较大来不及逃生被困火场时，应优先考虑接水浇水灭火，其次是灭火器灭火。四是坚持"进可攻退可守"原则。进可攻，是指火场烟热在你可以承受的范围之内，被困者还有进攻灭火的余地；退可守，是指为了阻止烟热向避难房间蔓延，要给自己退回房间关门和封门留有时间和余地。

2. 灭火方法选择

如果家中配备有灭火器和水管，用其灭火自然是很好的选择；而事实上灭火器、水管在家庭配有率并不高。在每个家庭都可能用上的灭火方法，自然是"接水浇水灭火"。事实上，该方法非常简单，就是找到盛水的容器接水直接浇灭火灾。凭以往经验，家庭水龙头水量太小，接满一桶水速度太慢，灭火效率会很差。既然在家庭普遍存在的灭火剂是水，我们唯有改进接水方法来提高灭火效率。如何快速地找到盛水工具、快速地接满水和如何有效地灭火，是我们重点需要解决的问题。

3. 灭火工具选择

用什么工具接水浇水，除水桶、脸盆外，家庭火灾被困卧室时，最有可能找到的是抽屉。为了更快速地接水，你需要找到至少两个接水工具。

家庭消防预案8：家庭卧室中可以利用的接水灭火工具有_____

_____。

4. 快速接水方法

打开所有水龙头放水，用多个盛水工具同时接水（图3-4）。

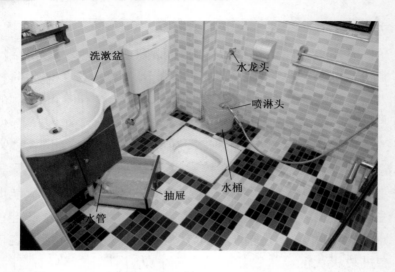

图 3 - 4　家庭火灾灭火

5. 最佳灭火流程

（1）选择 2 ~ 3 个最佳盛水工具（依次是水桶、脸盆、抽屉）。

（2）打开所有水龙头放水（包括水龙头、喷淋头、洗漱盆、便池马桶进水管），用准备的盛水工具接水。

（3）交替远距离向起火点泼水。

6. 接水浇水灭火注意事项

（1）坚持"快速反应"原则。发现火情，无论是利用灭火器、消火栓，还是接水灭火，讲究的是快速反应，快速灭火；面对火场，你不能有半点迟疑，错失战机，就是错失生机！

（2）强化"自我防护"意识，可淋湿全身或身披湿床单薄被褥灭火。

（3）防止与电源的零距离接触。人员被困火场，在无法切断和确认断电的情况下，用自来水灭火要保持与带电体的安全距离，要防止与带电体零距离接触。

在消防安全教学中，常有人提出质疑，用水灭火触电了，怎么办？这是很多人担心的问题。其实，这种担心没有必要，原因有：

①现代家庭均安装有空气开关,火灾时空气开关因电线短路而跳闸(这种情况占比非常高);②灭火前先断电;③纯净水是不导电的,自来水本身导电性不强(自来水的导电能力取决于它的电解质含量);④家庭常用电压为220 V,与带电体保持安全距离即可;⑤接水浇水灭火并非直流水柱灭火,灭火的用水量相对较少,降低了触电的可能性。这些因素虽然不能绝对排除触电的可能性,但足以说明触电的可能性极小。在灭火中和灭火后,我们只需注意:不要直接接触插座、外露电线、电器设备和地面流淌水,便可以有效地防止触电事故的发生。

(4)灭火和控火同时兼顾。火灾中人员被困,表明你已经不能突破高温烟热逃生,而面对面的灭火,人体会完全处于劣势,大多情况下很难直接打击到火点。此时,我们不需要强行灭火,力所能及地淋湿可燃物,也能起到控制火势蔓延的作用。

7. 接水浇水灭火方法的优势

如果你进行一次简单的训练,掌握了"接水浇水灭火"的方法和要点,相信你会发现:在家庭火灾扑救中,水比灭火器有更为广泛的应用空间。因为:

(1)水存在的可能性更大。水龙头每个家庭都有且很多,而配备灭火器的家庭很少,并且绝大多数家庭最多也只会配备一具。

(2)水更容易获得。厨房、卫生间、洗衣房(阳台)都有水龙头,很容易获得水源;很多家庭购置的灭火器,大多配备在厨房。火灾时,如果能跑到厨房拿到灭火器,也基本可以通过防盗门成功逃生。针对家庭火灾,特别是火灾荷载较大的家庭,除厨房外,卧室也有必要配备灭火器。

(3)水不受数量限制。家用灭火器,虽灭火效率高,但毕竟灭火剂数量有限,只能扑灭很小的初起火灾。可以这样说,用"接水浇水灭火"可以扑灭比家用灭火器更大的火灾。

(4)水不受保质期限制,而一般家用灭火器保质期为3~5年。

(5)防复燃效果更好。灭火器针对液体火灾效果更明显,灭固体火灾时，不论是干粉灭火器，还是水基型灭火器，都不能渗透固体燃烧物内部；而水扑灭固体火灾，防止复燃的效果更为明显。

（6）降温防护效果更明显。水的比容比较大，可以吸收更多的热量。在用水灭火时，可以浇湿全身进行自我保护。

（7）价格优势。灭火器每几年必须进行更换，而水很廉价且常备。

（二）灭火找近邻："外围水带灭火法"

1. 倡导"外围水带灭火法"的原因

"火场根本找不到水"。被困火场找不到水源灭火，或者说火势太大将你逼入绝境，根本不能靠近水源，这些都是火场可能出现的状况。但是，被困火场自己找不到水源并不代表你的左邻右舍、楼上楼下的邻居也找不到啊？这正是在"报警有高招"中为什么要提出"报警求救找近邻""窗口近邻"和"报警报告是否有对外窗口"的原因？请记住：

（1）只要有近邻，近邻就可以帮你找到水源。

（2）只要有窗口，近邻就可以通过窗口将水枪（水管）递交给你。被困者自己充当水枪手灭火和控制火势蔓延。

2. 外围水带灭火法的优势

无论是灭火器灭火，还是自来水灭火，都只能灭较小的火灾，灭火范围也有限。当火势较大和人员被困时，真正能灭大火、能保护被困者生命安全的，还是利用室内消火栓灭火。

"外围水带灭火法"倡导从被困者方向灭火，无疑是提高被困者生还可能极为有效的一种方法。人员被困火灾扑救，不管是被困者、现场营救人员，还是消防员，"外围水带灭火法"都是应该极力倡导的一种战术方法。该灭火方法有两个明显优势：

一是防止水枪射流驱赶烟热，减少对被困者的高温威胁。这是被许多人所忽视的问题。人员被困火灾扑救，我们在考虑出水灭火的同时，还要考虑它产生两大副作用：①出水灭火瞬间会产生更多的烟雾；②水枪射流会改变烟热蔓延流向。在家庭人员被困火灾扑救中，我们大多习惯从入户门进攻，从被困者反方向灭火。出水灭火时会产生更多的浓烟，烟热在水枪射流的驱赶下会进一步向被困者蔓延，很有可能增加对被困者的伤害。"水枪射流驱赶烟热"，我作为战斗员和指挥员都有亲身体会，通过询问火场生还者和观看灭火救援视频，更是多次得到验证。

（1）作为战斗员的经历。2014年8月2日，株洲市石峰区亿都房产电缆井火灾，整个楼梯间烟雾弥漫（图3-5）。我带领1名战士从一楼开始向上逐层灭火，一层层打开电缆井的防火门，利用室内消火栓扑灭电缆井内火灾。当清理至5楼时，突然楼下大量烟雾向上蔓延，我和战士一路快跑到达一楼顺利脱险。没有携带空气呼吸器，是我工作的失误，但明明每层灭火很彻底，哪里来的烟雾？一时间百思不得其解。直到后来与其他指挥员交流时，说到曾经的同样经历才恍然大悟：是自己安排石峰中队在顶层打开电缆井门"灌浇灭火"，正是因为"水枪射流驱赶烟热"作用，将烟雾赶到了楼梯间，让自己体会了一次真正的"火场逃生"。

图3-5 亿都房产电缆井火灾

（2）作为指挥员的经历。2011年5月22日，株洲市芦淞区大塘冲社区居民楼火灾，如图3-6中防盗门内已经有2名水枪手内攻灭火，为扑救门口杂物间火灾，我安排另一名水枪手外围射水，瞬间产生的大量烟雾在水枪射流的作用下，向入户门方向蔓延，只听到房间战斗员大叫："是哪个指挥的，是哪个指挥的"。这的确是指挥失误，是我对"水枪射流驱赶烟热"的忽视。

——内攻灭火阵地

——外围杂物间灭火阵地

图3－6　"5·22"大塘冲居民楼火灾扑灭后现场相片

（3）火场生还者的经历。通过询问火场生还者，更加证实了这一点。2013年8月28日，株洲市芦淞区金元大厦发生火灾。后来我与被困者交流，询问证实内攻灭火水枪射流对烟雾流向的影响。火场生还者当时被困在复式结构二楼阳台，她们非常清楚地记得，消防员内攻时，烟雾从门缝向阳台渗透更为明显。

二是可以快速地灭火和对被困人员进行保护。在大多数情况下，被困者房间均有外围窗口，近邻、消防员通过外围可将水带、水枪递交给被困者。事实上这是一件非常简单的事情。近邻从室内消火栓处携带水带，从顶层或楼上下放水带即可；而消防员从出警到场、破拆防盗门、正面进攻、扑灭室内火灾到突破烟热区对被困者进行营救，显然需要花费更多时间。被困者自己掌控水枪，可以第一时间控制火势和烟热向自己蔓延，这是被困人员扑灭火灾和自救极为有效的战术方法。我们要做到"外围保护"和"内攻灭火"同时兼顾。2003年7月8日，株洲市向阳广场保利小区家属楼火灾，消防车临近现场远远便看到2名人员被困防盗窗，他们已经在用衣服驱赶火焰，情况万分危急。现场指挥员，命令迅速在楼底出一支水枪，对被困人员进行保护，同时，安排一名战士携带一盘水带一支水枪上楼，从邻近窗口将水枪递交给被困者自己灭火。最终，2名被困者只是手部烧伤，成功地保住了性命。这起火灾的扑救，如果采用内攻灭火，破拆防盗门、铺设水带、扑灭室内火灾所耽误的时间，以及水射流导致烟热流向的变化，足以让2名被困者"必死无疑"。

家庭消防预案9：利用室内消火栓，可以提供外围灭火帮助的邻居是：_____

_____。

（三）灭火讲战术："隔离灭火"

在森林火灾扑救中，"开辟隔离带"是最常见的灭火方法。在家庭火灾中，这种隔离灭火法同样可以适用。将起火物质移开，与可燃物分离；或者移去起火物质周边的可燃物，同样可以起到灭火的效果。

五、控火有高招：掌握"最有实效"的控火技能

☞读者思考

【问题13】家庭发生火灾，人员被困防盗窗，在没有任何灭火工具和灭火剂的情况下，如何控制火势向你蔓延？

答：_____

_____。

【问题14】在家庭火灾中，火势从楼下向楼上蔓延最主要途径是什么？

答：_____

_____。

【问题15】在家庭火灾中，控制火势和烟热向你蔓延的最佳方法是什么？

答：_____

_____。

事实上，"灭火有高招"在重点介绍灭火的同时，也在介绍如何控制火势蔓延。很多火灾因火势较大不能直接扑灭，但控制火势蔓延速度，还是完全可以做到的。被困火场，你千万不能"坐以待毙"。在不被烧伤的情况下，除主动进攻外，还要积极防御，延缓火势向你蔓延的速度，为消防员救援赢得时间。下面给大家介绍 3 种控制火势蔓延的方法：

（一）移开可燃物

当火灾发生时，你要观察起火点与自己所处避难点之间是否存在可燃物。及时清理和移开可燃物，可以切断火势的蔓延途径，减少火灾的荷载。说起来很复杂，但做起来很简单。

1. 内部水平蔓延：移开身边可燃物

隔离法不仅是灭火的基本方法，也是控制火势蔓延的基本方法。没有可燃物就没有燃烧，这是非常简单的道理。火灾情况下，第一时间移开身边可燃物，是控制火势向你蔓延的有效方法。在门面火灾、家庭火灾中，掌握此控火方法显得尤为重要。2019 年 6 月 19 日，广州荔湾区黄沙大道某民房火灾，在防盗窗上母亲用身体护住幼女，最终母亲不幸丧生（图 3 - 7）。类似众多的防盗窗亡人火灾中，冒出窗外的火舌，明显反映室内可燃物较多；而我们却极少发现有向窗外抛投被褥的现象。如果被困者及时将被子、衣物等可燃物通过窗口丢下去，会有效地延缓火势蔓延速度。

图 3 - 7 广州荔湾区某民房火灾救援

2. 外部垂直蔓延：移开窗口附近可燃物

火势外部垂直蔓延，基本上是通过窗口、阳台附近的可燃物向上蔓延。楼下发生火灾时，及时清理防盗窗上可燃物（图3-8）、移开窗口附近可燃物（图3-9）(特别是窗帘）都可以有效控制火势蔓延。

图3-8　及时移开
防盗窗上可燃物

图3-9　及时清理窗口附近可燃物

3. 内部垂直蔓延：移开楼梯间附近可燃物

内部垂直蔓延主要发生在复式楼、门面阁楼、门面夹层的火灾中。移开楼梯间附近的可燃物，可以明显降低火势蔓延速度。2017年11月8日，株洲市荷塘区新屋街水果门面火灾，导致住在门面阁楼上的人员3死1重伤。从图3-10明显看出二楼楼梯间附近堆放有大量可燃物。

（二）淋湿可燃物

移开（隔开）可燃物，毕竟费时费力，如果能找到水源，淋湿可燃物就更加简单有效。当火势较大，用水根本灭不了，或者用水根本浇不到着火点时候，你考虑过用水控制火势蔓延吗？上面提到的新屋街门面火灾案例，事实上在楼梯间正上方就有水龙头，火灾中外露

图 3 – 10　新屋街水果门面二楼楼梯间

的 PVC 水管并未因燃烧而破裂，火灾后打开水流正常。从火灾后相片（图 3 – 11）可以看出，水龙头没有打开导致楼梯上部被烧毁（图 3 – 12）。如果打开水龙头，淋湿一楼楼梯间和二楼的可燃物，相信二楼全面燃烧的时间会延长很多。

图 3 – 11　水龙头未打开　　　　　　图 3 – 12　楼梯间上部烧毁

被困火场，"淋湿可燃物"是控制火势蔓延最有效方法，可以为消防员到场营救争取宝贵时间。

（三）依托房门构建"防火墙"，并不断淋湿"防火墙"

火场被困，控制火势和烟热向你蔓延的最佳方法是什么？房门当然是最好的保护屏障。火场被困时，关闭房门很多人能想到做到。但是依托房门，如何构建和淋湿"防火墙"，就很少有人去做，更没有人做好过。2020年1月12日，株洲市荷塘区某小区一民房发生火灾，被困者做了一个明智的决定，她关闭了卧室的房门，躲在阳台避难。房门在短时间内经受住了大火的考验，3名被困者最终被及时赶到的消防员成功救出。图3－13是房门内外侧烧损情况，从内外侧烧损程度可以发现，门的外侧几乎被烧穿，但还是有效控制火势蔓延。图3－14为被困阳台水龙头的照片，如果被困者对房门进行了覆盖和淋湿，相信烧损不会如此严重，也一定可以为固守待援赢得更多的时间。发生火灾来不及撤离，请记住：一定要及时关门并淋湿房间门，即使来不及用被褥等物覆盖房门，淋水降温也势在必行。

(a) 外侧

(b) 内侧

图3－13 卧室的房门

图3－14 被困阳台水龙头

虽然用湿"被褥"堵塞门缝可以控制烟热蔓延，但火灾情况下很难做好。事实上，门缝太窄被褥很难塞入门缝。如何解决"被褥堵塞门缝问题"，下面介绍两种实用的方法，供大家参考。

1. 门缝挤压固定

在时间允许和可以找到水源淋湿被褥的情况下，门缝挤压是在房门上固定被褥的最好办法。在"被褥"选择上，考虑到门缝宽度，薄被褥、毛巾、长裤、床单为最佳选择；在操作方法上，应该"先平铺后关门"。薄被褥可以直接从外围平铺在房门上；而毛巾、长裤和床单可以组合使用，将毛巾和长裤平铺在房门上方，床单对折后悬挂在房门侧面，然后强行关闭房门。关门的挤压可以很有效地堵塞门缝，而最关键的步骤，就是从房门上方不断淋水打湿被褥（图 3 - 15）。将卡在门缝内侧的被褥向上抬起，水流可以顺势而下，淋湿覆盖在外围的被褥，水流的降温作用可以极为有效地控制火势蔓延。

(a) 薄被褥覆盖

(b) 强行挤压关门

(c) 毛巾、床单平铺

(d) 强行关门淋水

图 3 - 15　先平铺后关门、淋水

2. 窗帘杆顶撑固定

当烟热蔓延迅速,来不及平铺被褥时,应尽可能地迅速关门,然后再想办法将被褥覆盖在房门背面。如果房间可以找到两根窗帘杆,利用窗帘杆将被褥顶靠在房门上是最好的方法(图3-16)。

厚被褥

找到另一根窗帘杆才是关键!

窗帘杆

图3-16 窗帘杆支撑固定:依托房门构建"防火墙"

该方法的好处就是可以全面覆盖房间门;操作难点是利用床铺等重物固定窗帘杆尾端;操作要点是不断淋水;不足是房间能否找到两根窗帘竖杆。利用窗帘杆顶撑固定,还应注意以下几点:

(1)确定家庭是否有窗帘杆,可以考虑用床梁、床板、席梦思床垫和衣柜门替代。

(2)选择吸水性能较强的棉质被褥,被褥应该先悬挂后淋湿。考虑被褥打湿后会增加重量,必须做到一次性固定牢固。

(3)被褥覆盖房门构建"防火墙",作用非常明显,但如何固定和淋湿问题是难点。

六、避难有高招:确定"最为合理"的避难房间

☞ 读者思考

【问题16】选择建筑外围避难求生是极其有效的火场求生方法,

你能想到的建筑外围避难点有哪些？

答：_____

_____。

被困火场，当灭火和控火失效后，通过建筑（房间）外围疏散路线安全逃离，是最好的选择；其次，在建筑外围找到合适避难点躲避。在家里，哪间房间有疏散路线，哪间房间有避难点，要做到"心中有数"。这样，才能保证在没法逃离火场的情况下第一时间向最安全的房间逃生。如何确定家庭"最佳避难房间"，可以依据以下2个原则：

（一）"外围优先"是第一原则

"外围优先"首先是"外围疏散路线优先"，其次是"外围避难点优先"。

1. "外围疏散路线优先"

家庭发生火灾，无法通过入户门外逃时，应首先选择有外围疏散路线的房间避难。在火灾中，躲得住就躲，躲不住就跑。杭州保姆纵火案，在"两个男孩房"的外围有一条狭长过道，并可通过卫生间窗口到达建筑外围（图3-17）。如果在《家庭预案》中明确了"两个男孩房"为最佳避难房间，且第一时间选择"两个男孩房"避难，或许被困者逃生的可能性更大。

2. "外围避难点优先"

火灾被困时，可选择在建筑外围有避难点的房间避难。很多家庭外围都可以找到避难点，要善于去发现避难点。在图3-18所示的一张照片上，就可以同时找到多个避难点。其中包括：①墙裙；②空调外挂；③邻近防盗窗；④漏斗型防盗窗；⑤外墙竖管等。

相信不少人听过这样的说法，防盗窗是"生命的囚笼"。的确，在火灾中有很多人因防盗窗而遇难。但任何事情都有另一面，防盗窗可方便人员攀爬逃生。在高层建筑火灾中，防盗窗有时可以为你赢得生机。楼层太高跳楼逃生，无疑生还机会渺茫，而邻近防盗窗可以成为很好的避难点，被困人员可以通过攀爬邻近防盗窗从火场逃生。所

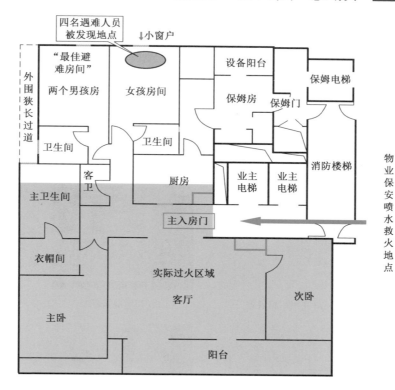

图 3-17 家庭消防预案: 确定家庭 "最佳避难房间"

图 3-18 家庭消防预案: 确定外围 "避难点"

以，在防盗窗上设置逃生出口或者配备破窗工具非常必要。通过"外围避难点"求生成功的案例有很多，如利用墙裙避难、利用雨阳避难、利用空调外挂避难、利用竖管求生等（图3-19）。

(a) 利用墙裙避难

(b) 利用雨阳避难

(c) 利用空调外挂避难

(d) 利用竖管求生

图3-19 "利用外围避难点"成功求生

家庭消防预案10：查看一下，你家庭外围避难点有：＿＿＿＿＿＿

＿＿＿＿＿＿＿＿＿＿＿＿＿＿＿＿＿＿＿＿＿＿＿＿＿＿＿＿＿＿；

你家庭外围疏散路线有：＿＿＿＿＿＿＿＿＿＿＿＿＿＿＿＿＿

＿＿＿＿＿＿＿＿＿＿＿＿＿＿＿＿＿＿＿＿＿＿＿＿＿＿＿＿＿＿。

（二）"水源优先"原则

在没有外围疏散路线和避难点的情况下，选择设有水龙头的房间避难是第二原则。在家庭有水源的地方一般为厨房和厕所（又分外卫和内卫），那么哪个位置是避难的最佳选择呢？大多数亡人火灾发生在晚上，所以，家庭火灾中人员被困，一般情况下是客厅发生火灾，人员被困卧室；而外卫和厨房一般在卧室的外围，与其选择它们进行避难，不如直接通过防盗门跑出去生还可能性更大，所以卧室卫生间是家庭火灾最有可能利用到的避难点。为什么优先选择有水的隔离间避难，是因为水不仅可以灭火和控火，也可以降温和防烟，在"固守待援"里会进一步说明其重要性。

家庭消防预案11：综合以上 2 个原则，你家最佳避难房间依次是：_____

_____；

而不具备以上条件，不适宜作为避难的房间是：_____

_____。

七、固守防烟有高招：体验"更加有效"的防烟妙招

☞ 读者思考

【问题17】被困家中，除湿毛巾捂口鼻外，你还能想到的防烟方法有哪些？

答：_____

_____。

【问题18】堵塞门缝防烟，你会想到的工具有哪些？

答：_____

_____。

【问题19】火灾中在窗口被浓烟"逼入绝境"，最好的防烟方法是什么？

答：最佳方法1 _____；

最佳方法2 _____。

【问题20】 有洗衣机、洗漱盆的地方就可以找到防烟方法，你会怎么做呢？

答：＿＿＿＿＿＿＿＿＿＿＿＿＿＿＿＿＿＿＿＿＿＿＿＿＿＿＿＿＿

＿＿＿＿＿＿＿＿＿＿＿＿＿＿＿＿＿＿＿＿＿＿＿＿＿＿＿＿＿＿＿＿。

【问题21】 你能利用地漏防烟吗？

答：＿＿＿＿＿＿＿＿＿＿＿＿＿＿＿＿＿＿＿＿＿＿＿＿＿＿＿＿＿

＿＿＿＿＿＿＿＿＿＿＿＿＿＿＿＿＿＿＿＿＿＿＿＿＿＿＿＿＿＿＿＿。

【问题22】 你相信便池和马桶能防烟吗？

答：＿＿＿＿＿＿＿＿＿＿＿＿＿＿＿＿＿＿＿＿＿＿＿＿＿＿＿＿＿

＿＿＿＿＿＿＿＿＿＿＿＿＿＿＿＿＿＿＿＿＿＿＿＿＿＿＿＿＿＿＿＿。

众所周知，火场亡人大多数是因为烟熏窒息引起的。窒息身亡又分为移动（跑动）逃生窒息和固守待援窒息两种情况。在前面重点介绍了移动防烟方法"深度呼吸跑"，这里将重点介绍固守防烟的方法。

（一）毛巾防烟法

说到防烟，毛巾无疑是大家最熟知的方法。下面将介绍毛巾防烟的操作方法和适应时机，大家不妨拿一条毛巾边学边做。

（1）毛巾准备：①选择棉质毛巾，棉质毛巾防烟效果更好；②毛巾折叠层数以8层为宜；③毛巾打湿后必须拧干。

（2）呼吸方法：为保证呼吸顺畅，宜张口呼吸。用手将毛巾捂在口鼻上，用拇指压在鼻梁上方，嘴巴微张用口鼻同时呼吸；为确保防烟效果，宜不断调整毛巾位置。

（3）防烟姿势：原地固守采用"毛巾防烟"时，因为房间下部烟雾浓度相对较低，所以应采用匍匐姿势尽量将嘴巴靠近地面。

（4）使用时机：使用毛巾防烟分为水平移动防烟、垂直移动防烟和固守防烟3种情况。水平移动逃生（多为短距离逃生），若时间允许，可采用捂毛巾逃生；若时间不允许，"深度呼吸跑"无疑更有效更安全。而垂直远距离移动逃生时，千万不能盲目"捂着毛巾往下跑"；通过楼梯间远距离逃生，不能说"捂湿毛巾"没用,而是你没有必要去冒险。湿毛巾防烟常常在"固守防烟"时使用。

注意:采用湿毛巾防烟,防烟效果差,防烟时间短,所以固守待援时应尽可能采用以下更有效的方法防烟。

(二)关门防烟法

迅速关闭防盗门、房间门是火场防烟最简单有效的方法。如果说"湿毛巾捂口鼻"是固守防烟的"最后防线",那么"关闭房门"则是固守防烟的"第一道防线",关门防烟作用极为明显。2018年4月15日,攸县雪花社区某居民楼楼梯间2台摩托车起火,虽多人被困,但并无人员伤亡。被困人员关闭房门,躲在家中全部安然无恙。事故救援后,我特意对入户的房门进行擦拭,并拍下一张照片(图3-20)。面向楼梯间漆黑的房门和室内白色的墙面,形成了鲜明的对比,毫无疑问,关闭房间门有效地阻止了楼梯间烟雾向室内蔓延。

面向楼梯间的房门

图3-20 关门防烟

如何更有效地关门防烟，应把握以下重点。

（1）关门要"反应迅速"。在家庭火灾中，一旦火势封锁了逃生通道，此时容不得半点迟疑，应该以最快的速度尽最大可能关闭房门。迅速关门可以第一时间控制烟热蔓延，你将会获得更多"火场求生"的反应时间。

（2）关门要"步步为营"。简单地说，就是关闭烟雾蔓延途径中所有房门，如楼梯间电动车或电缆井火灾，应关闭入室防盗门、室内房间门和厕所门。楼梯间发生火灾，如果你关闭了3道门，那你基本不会受到烟雾的侵袭。而客厅发生火灾，若逃不出去，可以通过关闭卧室门和厕所门来防烟。

图3-21　堵塞门缝防烟：
烟雾更多从门缝上方蔓延进来

（3）堵缝材料或工具要"综合利用"。要充分利用可能找到的多种材料实施堵缝防烟。堵缝材料有床单、被单、薄被褥、窗帘、毛巾、长裤、宽胶带、牙膏、纸张（卷筒纸）等，而将上述物品塞入门缝的工具包括笔、发夹、梳子等。

（4）"覆盖门缝"防烟比"堵塞门缝"防烟合理。大火封门无路可逃时，可用浸湿的被褥衣物堵塞门缝防烟（图3-21）。

但在火场中，堵塞门缝防烟操作并不简单。门缝太窄衣服和被褥很难塞进门缝，且堵塞门缝的重点是上方而并不是下方。

请记住：利用毛巾、湿被褥防烟，"覆盖门缝"防烟比"堵塞门缝"防烟更合理。

覆盖门缝防烟时，外围覆盖平铺和侧面悬挂平铺两种方法最为实用。外围覆盖平铺在"构建防火墙"中已作介绍，而侧面悬挂平铺应该按照房门的顶部、外侧、内侧和底部的顺序进行（图3-22）。

顶部平铺：毛巾、长裤等

梳子

内侧封堵：
胶带、牙膏

外侧悬挂：
薄被褥、
床单等

关键淋水：花洒
（桶装水）

底部堵缝：被褥

图 3 – 22　侧面悬挂平铺覆盖门缝防烟

① 顶部：可以用毛巾、长裤平铺在房门顶部。

② 外侧：可以用薄被褥、折叠床单悬挂在外侧。

③ 内侧：在强行关门后，内侧可以用透明胶带、床单、纸张、牙膏、肥皂等进行封堵。

④ 底部：是最好封堵的一条缝，可以用湿被褥等进行封堵。

关门防烟的关键：不断淋湿房间门。完成对门缝的处理后，应该利用沐浴花洒（或桶装水）向房门顶部不间断喷水，做到防烟和降温两不误。

（三）窗口防烟法

人员被困处有对外窗口时，空心管道是十分有效的防烟工具：其使用方法简单，作用明显。

1. 使用方法简单

（1）找到可移动空心管道。凡是家中可以移动的竖管和软管，只要较长较粗，均可用来防烟。家中可移动空心管道有窗帘杆、晒衣杆、金属拖把、窗帘底部吊杆、空调管、衣柜内挂衣杆等。

　　家庭消防预案12： 找一找，你家中可利用的移动防烟管道有：＿＿＿＿＿＿＿＿＿＿＿＿＿＿＿＿＿＿＿＿＿＿＿＿＿＿＿＿＿＿＿＿＿。

　　（2）对准窗外吸入新鲜空气。找到可移动空心管道后，用拇指、食指捏住鼻孔，将空心管道一端伸到窗口外围，即可用口含着另一端呼吸新鲜空气（图3－23）。

图3－23　窗口防烟呼吸法示意图

　　2. 效果明显

　　相对毛巾来说，空心管道防烟有着非常明显的优势：其防烟更彻底，且不受防烟时间限定，同时操作简单，没有技术难度。

　　消防水带也是非常有用的防烟工具。消防水带防烟的使用方法简单，用嘴对准水带的一个接口，就可以直接从窗口外围呼吸新鲜空气。至于如何拿到水带，在"互救有高招"中会详细介绍。

　　（四）下水管道防烟法

　　当人员被困位置无对外窗口时，则要考虑利用固定管道来防烟。这里所说的固定管道主要指下水管道。相信每个家庭都会有水龙头，有水龙头的地方就有下水管道。家中有洗衣机、洗脸盆、便池、马桶和地漏的地方都会有下水管道。事实上，它们都可以用来防烟。下面介绍如何利用下水管道防烟。

1. 洗衣机、洗漱盆排水口防烟

家中洗衣机和洗漱盆的排水口多数会突出地面（图3-24）。

(a) 洗衣机排水口

(b) 洗漱盆排水口

图3-24 洗衣机、洗漱盆排水口

排水口防烟操作方法：用嘴对准排水口，用拇指和食指塞住鼻孔，可以从下水管道直接吸入新鲜空气。在呼吸时，会听到"咕噜咕噜"的水流声；下水道弯头内水封层可以确保吸入空气的新鲜。

2. 地漏防烟

安装在地面的地漏，因受漏水口形状和安装形式的不同，有的可以防烟，有的不可以防烟，这主要取决于排水口是否突出，能否用嘴直接呼吸（图3-25）。

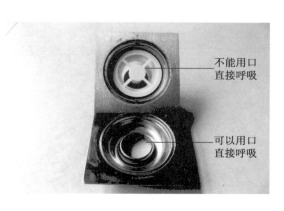

不能用口
直接呼吸

可以用口
直接呼吸

图3-25 地漏防烟：取决于地漏形式

直接呼吸防烟方法：取掉地漏的盖板和滤网，当漏水口突出时，塞住鼻孔用嘴对准地漏口，就可以直接呼吸到新鲜空气。

3. 便池和马桶防烟

马桶用以防烟，被称为"救命神器"，曾在网上流传（图 3-26）。其使用方法是找到一根管子伸入马桶内呼吸空气。新概念一经提出便引来了很多质疑。反对理由主要有 3 点：马桶水封区内新鲜空气少、管子难找且很难伸入马桶（管子太软或太硬均伸不进马桶）、下水管道存在有毒气体。下面来解答"马桶防烟"存在的质疑。

（1）水封区内空气少。在老旧楼房中，室内马桶下水管可能设置有弯头，弯头内形成的封水层可以防止异味向室内流通。如图 3-26a 所示，马桶内水封的空气量的确非常少，根本不足以满足火灾防烟呼吸的需要。而事实上，现代的很多马桶因为自带存水弯头，下方与之相连接 PVC 管并没有再设置水封弯头。如图 3-26b 所示，马桶的水封区与下水道完全相通。当软管通过马桶弯头后，呼吸的不仅只是马桶内的空气，而是整个下水道的空气。

 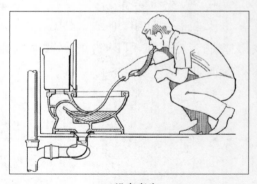

(a) 有弯头　　　　　　　　　　　　　　(b) 没有弯头

图 3-26　马桶防烟

（2）管子难找且伸入马桶难。事实上，用于马桶呼吸的管子根本不必找，浴室内沐浴喷淋软管便是较好的选择。该软管可弯曲有强度,更容易伸入下水道;你需要做的,就是回家将喷淋管的螺丝拧松,保证随时用手可以拧开,或在浴室内备有螺丝刀。而喷淋管是否可以顺利通过马桶弯头,需要视情况而定。当可以通过时,可以直接通过喷淋管呼吸(图3-27);而不能通过时,可以移开马桶,用喷淋管伸入马桶下方的排水口进行呼吸(图3-28)。至于插入喷淋管后排水口的密封,可以用衣物、被褥等进行封堵。打开浴室水龙头,可以更有效地防止烟雾的侵入。

图3-27 马桶直接防烟

图3-28 移开马桶防烟

(3)有毒气体多。有毒气体真的多吗?利用喷淋软管伸入马桶、便池进行呼吸,我测试过很多次,没有明显不舒服的感觉,更不存在中毒之说。下水管道在顶层均设有开口,加之不断的向下流水,会使空气流通,下水道内有毒气体并没有人们想象中的可怕。

问题解决了,下面介绍马桶、便池防烟的操作方法。

取下喷淋管——伸入马桶或便池排水口——用嘴对着喷淋管另一头从下水管道吸入新鲜空气——被褥覆盖身上并淋水(图3-29)。

本节介绍了几种固守防烟的方法,请记住:"有门、有窗、有水"的地方,就可以找到防烟方法。那么如何固守防烟更合理、更有效呢?

首先,关门堵缝是必须要做的防烟措施。如果做好了关门堵缝防烟,之后的防烟措施基本是"以备不时之需"。其次,有对外窗口

被褥覆盖

接水淋湿被褥　　　　　　　　　喷淋管呼吸

图 3 – 29　马桶防烟操作

时，应该首选移动空心管道防烟；而没有对外窗口时，应该优先考虑洗衣机、洗漱盆排水口防烟，然后才是地漏和马桶防烟。而湿毛巾防烟可以作为最后的备选方案（被困人员众多尤为适用）。

家庭消防预案 13：试一试你家卧室卫生间：

可以用来防烟的排水口有_____；

喷淋管两端螺丝能第一时间拧开吗？_____；

喷淋管可以顺利通过便池吗？_____；

喷淋管可以顺利通过马桶吗？_____；

卧室可移动空心管道有哪些？_____。

八、固守有高招：打赢固守待援的"阵地战"

☞ **读者思考**

【问题 23】家庭火灾，只能"固守待援"时，最有效的方法是什么？

答:_____
_____。

【问题24】火场"固守待援"时,需要解决最关键的两个问题
什么?

答:_____
_____。

前面介绍了固守待援时灭火、控火、避难和防烟的方法,下面借
助厕所介绍如何使用这4种方法进行固守待援,确保打赢厕所固守待
援的"阵地战"。

关于躲进厕所求生的理念,曾有人提出过这样观点:"发生火
灾躲进浴室,那你就死定了。"而我一直倡导厕所求生的理念。"躲
进厕所死定了",只能说明我们躲的方法不对,如果通过创新躲
避方法,躲进厕所便可以实现从"死定了"到"赢得生机"的转
变。火场求生,无非是解决"呼吸"和"高温"问题,创新的做
法是:利用下水道和窗口解决呼吸问题,利用水流解决防高温
问题。

(一) 占领厕所固守待援的前提:被困者已经被逼入绝境

本书一直倡导火灾时不要因为"贪恋财物""找毛巾""灭火"而
错失"逃生良机"。火场被困,有机会跑出去,当然是"能跑则跑"。
火灾能逃出去的是大多数,而真正的火场遇难者,主要集中在没有跑
出去的少部分人中间。所以,占领厕所求生的前提是:被困者已经失
去了"向外逃生""外围避难"和"跳楼逃生"的机会。我不倡导火
灾时往厕所跑,而是主张被困人员已经被逼入绝境无路可逃时,可以
利用厕所求生。

(二) 占领厕所固守待援的理由:厕所可以同时解决呼吸和防高
温问题

火灾中的确有很多人在厕所遇难。他们为什么会死在厕所呢? 有
人指出:是"因为找毛巾"去厕所,很显然这只是次要原因,更为
重要原因是:遇难者实在无处可躲,而厕所是绝境中相对安全的地

方，是遇难者被逼无奈的选择。躲进厕所至少可以为消防员救援争取更多一点时间，不是也有很多人在厕所成功脱险吗？更直接地说，如果不躲进厕所，他们会更快死亡。占领厕所的理由：

（1）厕所有门，关门可以防火防烟。

（2）厕所有水源，浇水可以灭火、控火、降温和防烟。

（3）厕所若有对外窗口，可以利用移动空心管道伸出窗外呼吸防烟。

（4）厕所有下水道，可以通过固定管道防烟。

（5）厕所过火可能性小。厕所内部及周边可燃物相对较少，过火燃烧可能性小；大多情况下，厕所在火灾中只受到高温和烟雾的侵袭。

（6）厕所停水可能性小。在新屋街火灾案例中，现场外露的PVC水管，并未因高温而烧穿（图3－30）。同样道理，住宅中封在墙体内的水管，基本可以保证供水不中断。

图 3－30　新屋街火灾中外露 PVC 水管完好

有了以上优势，我们需要解决的问题是：找到逼入厕所时能

"绝处求生"的方法。

（三）如何占领厕所：关门堵漏，放水防护

如何占领厕所，就像作战一样，必须讲战术方法。火场就是战场，高温烟雾就是敌人。这场战斗注定险象环生，战场形势是"前有堵截、后有追兵"：前方没有外围疏散路线和避难点，后方有高温烟雾不断在侵袭。此时，唯有坚守阵地，等待救援。这场战斗要求被困者思路清晰、动作迅速、攻防兼备。下面，将教你如何以厕所为阵地，打赢这场阵地战。

1. 战斗准备：多抱被褥往厕所跑（2床以上）

作战自然需要装备，占领厕所使用的装备我们要记住："多抱被褥往厕所跑"。被褥是我们的"重武器"，而"轻武器"包括衣物、移动空心管道、透明胶、纸张等防烟工具和材料，而其他装备和弹药均可以在厕所内解决。

2. 战斗开始：关门是打响战斗的第一枪

当火情发现较晚跑不出去，迅速关闭房门是打响战斗的第一枪。特别是当你被烟熏至醒时，更要强行关门，关门可以有效减少烟雾侵入，为你占领厕所构筑防御工事赢得宝贵时间。

3. 构筑第一道防御工事：以门为依托构建"防火墙"

利用房间门、厕所门进行"防火防烟"处理，可以有效防御火势蔓延。防火，即将被褥覆盖在门上，并且不断淋湿；防烟，即利用被褥、胶带、牙膏、纸张、水流等堵塞门缝。

4. 构筑第二道防御工事：以人为依托构建"最后屏障"

在防烟方面，提前确定好最佳的管道（移动或固定）防烟技术。

在防高温方面，一是封堵所有下水道，即利用毛巾、衣物封堵便池、地漏等排水口（洗漱盆、马桶不需封堵）；二是建立"拦水堤"，即用衣物堵塞厕所门底部；三是将被褥覆盖在自己身上；四是打开全部水龙头放水。做好了以上准备工作，一旦第一道防御工事失效，被困者披着被子趴（躲）在水龙头（花洒）下，可以最有效地利用水流抵御高温，并可利用管道进行呼吸。

（四）如何赢得生机

1. 防烟

以门为依托构筑"防御工事"可以防烟，有管道防烟技术（移动管道和下水道）作保障，可以将烟熏窒息的可能性降到最低。

2. 防高温

以"门"和"人"为依托构筑两道防御工事，不断向覆盖被褥的房门淋水、不断向披在身上的湿被褥淋水，以及厕所内不断上升的水位，足以有效防止高温烧伤。

2019年12月22日，广东省中山古镇江南海岸花园火灾，上下2层窗口有火焰窜出，燃烧十分猛烈，全家6人不幸遇难。

第二天，我赶到中山古镇，有幸第一时间进入起火房屋。现场相片（图3-31）明显反应，有房门未烧穿、有房间未过火，且房间有水源，如果这个家庭掌握了阵地求生法，明确了"家庭最佳避难房间"，建立了"防火墙"，全家可能有生还机会。此外，在房间可以找到"外围疏散路线"和"外围避难点"，也适用"外围水带救援"。

图3-31　中山古镇江南海岸花园火灾后现场照片

◇ 本章核心理念：火场阵地求生法

发生火灾时，绝大部分人能够从火场跑出去。而火场被困者遇难的主要原因：一是在不应该跑的时候放弃"固守待援"，错误地往外跑；二是跑不出去时不懂如何"固守待援"。被困火场求生，请大家牢记：①无对外窗口时，占领厕所可以解决防烟和防高温问题；②有对外窗口时，近邻递交水带可以灭火和控制火势向你蔓延。

第四章

"固守不住"怎么办?

| 被逼跳楼，确保安全 |

在住宅火灾中，被困者"跑"没有跑出去、"躲"没有外围避难点、"守"没有固守条件，他们困在建筑外围窗口，被浓烟和火势"逼入绝境"，此时跳楼或提升逃生也就成了"迫不得已"的选择。如何在确保安全的前提下跳楼或提升，当然也有方法，更讲策略。

九、破拆有高招： 学习"与众不同"的破窗方法

☞ **读者思考**

【问题25】家庭住宅火灾，消防员破拆防盗门会延误作战时间，打开防盗门（入户门）最有效的方法是什么?

答：＿＿＿＿＿＿＿＿＿＿＿＿＿＿＿＿＿＿＿＿＿＿＿＿＿

＿＿＿＿＿＿＿＿＿＿＿＿＿＿＿＿＿＿＿＿＿＿＿＿＿＿＿。

【问题26】火场逃生，防盗窗的最佳破拆点在哪里?

答：＿＿＿＿＿＿＿＿＿＿＿＿＿＿＿＿＿＿＿＿＿＿＿＿＿

＿＿＿＿＿＿＿＿＿＿＿＿＿＿＿＿＿＿＿＿＿＿＿＿＿＿＿。

【问题27】被困卧室，可能找到破拆防盗窗的工具有哪些?

答：＿＿＿＿＿＿＿＿＿＿＿＿＿＿＿＿＿＿＿＿＿＿＿＿＿

＿＿＿＿＿＿＿＿＿＿＿＿＿＿＿＿＿＿＿＿＿＿＿＿＿＿＿。

通过建筑外围窗口、阳台逃生,很多情况下需要首先解决一个问题,那就是破拆防盗窗和玻璃窗开启求生通道。

(一)打开防盗门的最有效方法

家庭住宅火灾扑救,消防员经常需要花费一定时间破拆防盗门,在一定程度上影响灭火救援速度。当你被困家中,请记住:"用衣物包裹钥匙丢下楼",并告知119接警员钥匙丢在建筑的哪个方位。消防员用钥匙直接打开入户门,肯定比破拆防盗门更省时省力。

(二)防盗窗的破拆

在防盗窗遇难的火灾案例"比比皆是",网络上"窗口烈焰烧身"的视频更让人"胆战心惊"。因此,防盗窗被称之为"生命的囚笼"。很多时候,你破拆了防盗窗,便赢得了生机。

2011年7月3日,株洲市芦淞区某招待所发生火灾,多名旅客被困火场。火灾过火的一排房间,窗户上均安装有防盗窗,被困者中有人成功破拆防盗窗逃生,但也有5名被困者倒在了防盗窗下。

我反复察看火灾现场,思索如何更有效地破拆防盗窗。

1. 破拆防盗窗要"主动作为"

很多防盗窗逃生受阻的火灾伤亡案例中,防盗窗"坚不可摧"完全打不开的情况并不多见,许多在防盗窗下遇难的人员,不是没有能力打开防盗窗,而是他们根本没有去做。这其中有惊慌失措的原因,更有认知的问题。要相信成年人有能力打开防盗窗,在紧急情况下要"主动作为",而不是"惊慌失措"。在上述某招待所火灾中,在两个防盗窗口下发现了5名遇难者。通过现场勘察,这两个防盗窗没有丝毫破拆的痕迹(图4-1),遇难者(均为成年人)并没有积极尝试去破拆防盗窗,他们完全没有意识到,眼前的"生命囚笼",如果破拆"焊接点",打开防盗窗竟然是那么轻松;而窗口外,在建筑外围很明显有一条逃生路线。另外,有2名窗口的被困者,通过主动作为,成功破拆防盗窗逃生。

2. 破拆防盗窗要找准"焊接点"

破拆防盗窗,找准破拆点位置很重要。找准"焊接点",是破

防盗窗无
破拆痕迹

防盗窗强行破拆

人员成功逃生

3人遇难

2人遇难

外围逃生
墙裙

一整排过火
房间

图 4 - 1　株洲芦淞区某招待所火灾

拆防盗窗的一个基本原则。不锈钢防盗窗最容易破拆的位置，是钢管两端的"焊接点"。焊接点位于防盗窗的外围位置，且大多数只会焊接一个点，是最为薄弱的环节。招待所火灾后，在遇难者所在窗口，我对防盗窗进行了破拆测试，双手握住靠近焊接点的位置，可以轻松地拉开防盗窗。火灾中，虽然有被困者成功破拆逃生，但从现场破坏的防盗窗可以看出，破拆很盲目（图 4 - 2），抓到哪就破拆哪，相对更加费时费力，从中间位置破拆防盗窗是普遍存在的误区。

　　3. 破拆防盗窗的方法

　　防盗窗的破拆，"徒手能打开，当然最好"；当需要借助工具时，第一时间考虑"在现场找工具"；而现场找不到工具时，要懂得如何"让近邻帮你找工具"。

(a)盲目破拆

(b)焊接点破拆

图 4－2　防盗窗破拆的效果

1）成人徒手破拆

成人徒手破窗关键有两点：一是找准焊接点，二是确定用力方向。

（1）找准"焊接点"。选择在防盗窗中间位置进行破拆，是大多数被困者习惯做法。不锈钢管中间位置强度相对更大，破拆难度也更大。而外围"焊接点"，才是防盗窗最薄弱的地方。双手紧握不锈钢管靠近"焊接点"的位置，强力来回拉动不锈钢管。焊接点越小，破拆难度越小。当被困人数较多时，利用床单等辅助牵引，成功破拆的可能性会更大。

（2）确定"焊接点"的受力方向。这一点也非常关键。2015年10月28日，宁波海曙区某小区火灾，年轻妈妈和双胞胎的哥哥在防盗窗处遇难（图4－3）。图4－4是消防员用无齿锯破拆后的防盗窗照片，很明显只有一个焊接点，且3个焊接点均在窗口下方。火灾后，我在现场做过测试，防盗窗质量很差，完全可以徒手打开。朝下方用力实施破拆，可以更容易地打开防盗窗。"那对母子就在众多邻居眼睁睁看着时，痛苦地倒在火场里"，如果现场有群众意识到（或者提醒到）从同楼层的近邻窗口破拆防盗窗，相信可以轻松地打开防盗窗，或许母子可能逃生。

焊接点

破拆向下用力

图4-3　母子被困防盗窗　　　　图4-4　破拆后的防盗窗

2）现场工具破拆

徒手打不开防盗窗怎么办？当然是在房间找工具破拆。主要有以下4种方法：

（1）床梁强行破拆。火场需要破拆防盗窗，房间最有可能找到且最实用的破窗工具是床梁。拆下床梁强力撞击焊接点（图4-5）比徒手破拆更有效；而现代建筑外围的玻璃幕墙，很多窗户开口很小，床梁更有可能撞开或撬开玻璃窗。

（2）床梁杠杆破拆，即利用床单将床梁和防盗窗的不锈钢管捆扎在一起，通过杠杆作用撬开防盗窗（图4-6）。

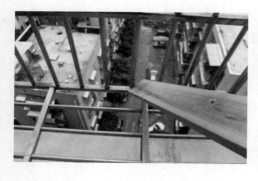

图4-5　床梁撞击破拆　　　　图4-6　床梁杠杆破拆

(3) 窗帘牵引破拆。当被困低层窗口时,被困者可以用窗帘、床单等系在防盗窗受力薄弱点,抛下窗帘另一头,由现场人员强行牵引破拆,甚至可以将防盗窗整体拉下来。

(4) 五金工具破拆。破拆防盗窗的五金工具,按照"能否找到"和"实用"原则,主要有:锤子(锤击焊接点)、两把大扳手(杠杆作用撬开)、断电剪(剪切)、管道钳(杠杆作用撬开)、钢锯(锯断)等,五金工具破拆防盗窗如图4-7所示。

图4-7 五金工具破拆防盗窗

3) 近邻找工具破拆

使用五金工具破拆防盗窗无疑是最好的选择,而如何拿到五金工具才是问题的关键。虽然火场找到工具的可能性小,但不要忘记:近邻肯定可以找到五金工具。许多家庭都有锤子,火场被困需要破拆防盗窗时,请记住呼叫近邻"快点找锤子";至于将工具递交给被困者,就是非常简单的事情了。当低楼层特别是门面发生火灾时,直接抛投可以将工具交给被困者;当高楼层发生火灾时,被困者通过窗帘吊升等方法拿到五金工具。

防盗窗的破拆,以上方法仅供参考。遇到质量差的防盗窗,被困者能够成功破拆顺利逃生；但是质量好的不锈钢防盗窗特别是铁质防盗窗，短时间难以破拆，所以，在防盗窗上开设"逃生窗口"才是最明智的选择。

解决了破窗问题，才有机会通过外围阳台、窗口逃生。"逼入绝境"的被困者在窗口可以通过缓降、提升和跳楼等方式（方法）逃生。

十、缓降有高招：了解"意想不到"的下降方式

☞ **读者思考**

【问题28】结绳下降自救，比床单更好的下降工具是什么？

答：_____

_____。

【问题29】窗口没有护栏和窗框时，结绳下降如何设置支点？

答：_____

_____。

利用"床单打结"下降逃生，很多人都听过，也进行过床单打结的训练。作为一名消防员，我多次参加挂钩梯、滑绳自救等高空训练，也算是训练有素。但如果给我几条床单，用经常所学的方法（图4-8）从高层下降逃生，说实话，能否成功还不一定。高层缓降逃生远不止"床单打结"那么简单，需要更加全面系统地学习、训练。

缓降逃生，首先要实现"床单打结"到"窗帘打结"的理念转变。窗帘缓降逃生涉及下降楼层、工具选择、打结方式、支点设置、缓降方法、下降方式等方面，都应该经过专业的学习和训练。

图4-8　床单打结逃生

（1）下降楼层。利用窗帘打结逃生，只可下降一层或二层，然后进入楼下窗口逃生。打结逃生，一定要消除"下降到楼底"的惯性思维。因为在火灾现场，窗帘和床单数量有限，且多一个结点便多一分安全隐患，徒手多下降一层更多一份危险。

（2）工具选择。在人们的传统理念中，下降逃生首选床单。事实上，窗帘更长更结实更好找，窗帘才是家中逃生下降工具的最佳选择，其次才是床单和被套。所以，应该优先选择"窗帘逃生"，而不是"床单逃生"。

（3）打结方式：选择对角打大结，小结保护大结。打结方法（步骤）：

第一步：打大结。首先，用常规的方法打一个死结，即为大结（图4-9）；死结必须用力拉紧，并且在绳头留有一定长度。

第二步：打小结。用预留绳头打两个小结保护大结（图4-10），并且用力拉紧。小结主要作用是防止大结被拉开。

图4-9 打大结：预留长度，
　　　用力拉紧

图4-10 打小结：靠拢、
　　　　保护大结

（4）支点设置。窗帘下降的支点，最方便好用的是窗口护栏和窗户框架。当窗口没有可供直接利用的支点时，整个床铺和单独床梁可以作为紧急情况下的备选方案。将床铺移至窗边，在床梁中间位置

设置支点或者将床梁放置在窗口一角作为支点（图4-11），都是非常有效的方法。同时，为了确保安全，支点尽量采用两种方式固定。

家庭消防预案14：你家卧室窗口下降支点有：＿＿＿＿＿

＿＿＿＿＿＿＿＿＿＿＿＿

图4-11　床梁放置窗户一角

＿＿＿＿＿＿＿＿＿＿＿＿＿＿＿＿＿＿＿＿＿＿＿＿＿＿＿＿＿＿。

（5）缓降方法。如图4-12所示，下降前应穿着衣服和裤子，做到双手双脚同时用力，可以有效地降低下降速度，保证安全降至下一层。

（6）下降方式。当多人被困时（特别是小孩），可以将结绳捆绑在人体上，由楼上人员依次将人放至楼下。

十一、提升有高招：找到"高层缓降"的替代方法

☞ **读者思考**

【问题30】替代窗帘和床单，高层升降逃生的最好工具是什么？

答：＿＿＿＿＿＿＿＿＿

＿＿＿＿＿＿＿＿＿＿＿

＿＿＿＿＿＿＿＿＿＿。

图4-12　穿好衣服，双手双脚用力

窗帘（床单）缓降逃生，本身需要体能、技能、胆量和谨慎操作，主要适应于低楼层的火场逃生。而高层火场逃生，利用床单、窗帘打结缓降，显然操作风险极高；而高层跳楼，更是希望渺茫。那么，高层火灾被"逼入绝境"，怎么办呢？

高层火场人员营救，也讲战术方法。在不能缓降（跳楼更不可取）的情况下，请记住："提升"更安全。高层建筑"提升"逃生，可以替代窗帘和床单的最佳工具（装备）是什么呢？高层建筑肯定有室内消火栓，而消防水带就是提升和缓降逃生的最佳装备。高层提升逃生，就是指利用室内消防水带捆扎在被困者腰部，通过近邻提升展开火场救援。

（一）消防水带救援的优势

高层建筑火灾，人员被困窗口，消防水带是真正意义上的"救命神器"。从楼上将消防水带下放，通过外围窗口递交给被困者。消防水带不仅可以灭火、控火和提供呼吸保护，同时也是"提升、下降"的最好工具。火灾救援时，召集近邻利用消防水带将被困人员从窗口提升、下放或平移，相对窗帘（床单）打结逃生，有着明显的优势：

（1）数量多。在高层建筑中，室内消火栓数量很多，而营救人员需要做的是召集足够人员，携带足够的水带。当营救人员多时，可以下放 3~4 股水带，同时满足被困者"呼吸、灭火、控火、逃生"的需求。

（2）长度够。消防水带标准长度为 20 m，一盘水带可以跨越 5 层楼，连接 2 盘水带便可达到 40 m，完全可以满足火场救援需求。

（3）强度大。室内消火栓水带以橡胶为内衬，外表面包裹着亚麻编织物，出厂前通过了强度试验，一盘水带足够承载一个成年人的重量。

（4）连接牢固。当长度需要延长时，可通过简单的死结连接两盘水带。相对窗帘打结，消防水带连接无疑更牢固。

（5）获取容易。高层建筑的楼梯间，每层都会有室内消火栓，位置也非常明显。

（6）安全性好。窗帘逃生要求被困者自行滑下，高空下降时存在心理恐慌、双手打滑、支点固定困难、绳结脱落等很多不安全因素。而水带逃生，被困者将水带捆绑在自己腰部，无疑比利用窗帘下滑安全得多。

（7）返回室内方便。这里所说的返回室内，是指被困人员通过窗口逃生到没着火的室内。试想一下，在高空双手紧握窗帘下滑的同时，通过打开窗户进入室内是多么"惊心动魄"！而水带提升（或下放）逃生，进入窗口更加简单有效，成功机会自然高得多。

（二）水带救援的实施程序

近邻利用消防水带开展营救行动，应该做好以下工作：

（1）迅速召集救援人员。当高层建筑发生火灾有人员被困窗口时，现场知情者应以"最快的速度"召集成年人（至少3人以上）组成多人救援小组。

（2）准备足够数量水带。水带数量应保证可以同时下放两条水带对被困者进行营救。按一盘水带20 m计算，每盘水带至少可以跨越5层楼。

（3）确定营救起点层。营救起点层，主要指占领哪一层楼对被困人员开展营救。起点层可以是：天台、楼上2~5层、本层和楼下2层。当被困人员窗口距离天台在10层以内时，可以确定天台为营救点；当楼层相差过大，可以选择进入着火点楼上2~5层的住户家，到达对应窗口开展救援行动；当被困窗口与邻近窗口距离很近，可以直接在本层展开救援；而楼下2层的邻居，应该及时打开房间门，为人员营救提供方便。

（4）消防水带水枪的递交。将消防水带水枪递交给被困者有以下几种方法：天台和楼上可以"直接释放"；本层可以"窗帘竖杆平伸"；下层可以"窗帘吊升"。用于人员营救的水带，连接必须打死结；而用于灭火时，应该连接好水带接口和水枪。

（5）被困者自救。被困者将两条水带牢固捆扎在腰部；面向窗口双手紧握两条水带；救援小组向上提拉或向下缓放水带，被救者从窗口外围逃离着火房间（图4－13）。

——顶层释放水带

——上2～5层释放水带

——本层递交水带

——下1～2层窗帘吊升水带

图4－13 近邻互救：消防水带逃生演示

（三）消防水带救援的注意事项

（1）救援人员的安全保障。天台救援时，救援人员完全可以选择邻近楼梯间撤离；高层居民楼发生火灾，从着火住宅蔓延至上二层的可能性并不大，救援人员可以选择楼上相隔 2～5 层的住户家向下释放水带，救援人员的安全不会受到威胁；而着火层或楼下 1～2 层救援，救援人员可以直接下楼逃生。

（2）被困者安全保障。人员提升时采用 2 条水带进行保护，同时，楼上水带应该进行固定。被困人员应该坚持"先灭火，后提升"的原则。首先考虑出水控制火势蔓延；在水枪保护下，被困者应该尽量固守待援。只有在室内消火栓无水或者火势无法控制时，才能考虑将自己捆绑起来，通过窗口外围提升或下降逃生。

家庭消防预案 15：在你家居住的建筑内，是否设置有室内消火栓箱：_____；楼梯间是否可以直通天台：_____；是否有相邻楼梯间直通天台_____；当采用水带救援时，水带释放的最佳起点层（天台或楼上 2～5 层）是：_____。确定了以上信息，在报警求救时，可以告知近邻如何科学施救。

十二、跳楼有高招：选择降低伤亡的"最佳方法"

☞ 读者思考

【问题 31】楼下群众"撑起床单"可以接住跳楼者。构建"救生网"比床单更好的物品是什么？找到该物品较快的方法是什么？

答：比床单更好物品是_____

_____；

找到该物品较快的方法是_____

_____。

本书已经介绍了多种火场求生的方法，可以满足绝大多数火场求生的需要，可以将跳楼的可能性降到最低。高楼层发生火灾，可以利用"水带升降"逃生，而只有在低楼层火灾中，不得已才可选择跳楼的方式逃生。火场跳楼，需要解决两个重点问题：

（一）跳楼要有缓冲

跳楼是火场求生的下策，只适用于低楼层的火场逃生。在"没有外围疏散路线、没有外围避难点、没有提升缓降机会、没有固守待援条件"的情况下，才能选择跳楼方式求生。当迫不得已必须跳楼时，增加落地时的缓冲是降低伤亡的重要措施。这需要解决以下 3 个问题。

（1）高度问题，即尽量减少垂直下降的距离。被困窗口，被困者可以利用窗帘、床单尽量下滑，通过缩短下降的距离来减少伤亡风险。

（2）着陆问题，即尽量选择软着陆。被困者可以选择往树木、花坛等非水泥地面跳；也可以将床垫、被褥等丢下楼，能有效地起到缓冲作用。当楼下有近邻时，"撑起窗帘"是最好的软着陆方式。前面介绍的"打结缓降逃生"，窗帘比床单更有效；同样的道理，撑窗帘比床单更有利于接住跳楼者。在撑起窗帘的底部，如能垫上床垫或被褥（图 4 - 14），则可以起到双重缓冲的作用。

窗帘

席梦思(床垫)

图 4 - 14　撑起窗帘救援，双重保护很重要

（3）窗帘来源问题。窗帘从何面来？被困者将窗帘（当然包括被褥）丢下楼，这是找到窗帘的最快方法。当然，楼下群众也要积

极寻找窗帘。如何撑起窗帘？人员上，要高声大叫召唤邻近人员共同参与；如何接住跳楼者？安排统一的指挥者，施救者统一观察跳楼人员，大家协同配合十分重要。

（二）门面火灾要及时跳楼

当门面发生火灾，二楼窗口人员被困，可能不会有太多时间做缓冲跳楼准备，防止因"火势猛烈"而错失"跳楼机会"。门面是火灾亡人的高发场所，这主要是门面房的建筑特点所决定的。在城乡中，很多门面设置有阁楼或夹层，结构形式多为一楼经营二楼住宿。发生火灾时，如果一楼门面内可燃物多，燃烧会瞬间封锁内部楼梯间（图4－15），在外围火势没有完全封锁窗口之前，被困者要果断地从窗口逃生。一旦失去跳窗机会，楼下烟热会顺着楼梯间迅速向二楼蔓延，毫无疑问，被困者将处于极其危险的境地。

图4－15　门面火势燃烧猛烈，瞬间封锁窗口

◇ **本章核心理念：外围水带救援法**

火场人员被逼入绝境时，低层可以选择跳楼，窗帘下降和撑起窗帘均可以有效减少伤亡。而高层跳楼，几乎没有生还可能，而在窗口、阳台外围利用水带升降逃生是非常有效的救援方法。

第五章

"自救不行"怎么办？

近邻帮忙，作用非凡

这里所说的近邻主要包括：窗口相邻的邻居、物业人员和现场群众。

火灾时，在防盗窗和窗口下遇难的人员占据了很大比例。

之所以提"窗口相邻"，是因为大多数住宅（家庭）有对外窗口，火灾时，不管是邻居、物业、现场群众，还是消防员，都可以通过邻近窗口（阳台）开展有效的救援，帮助被困者火场求生。

将"近邻帮忙，作用非凡"单列一章，是因为近邻救援相对于消防员救援，有两个极其明显的优势：一是时间优势，近邻已经在现场，可以第一时间提供帮助；而消防员在受理火警、车辆调度、着装登车、出动、行车途中，特别是受途中堵车和距离较远等客观因素的影响，只能做到迅速救援，而不能做到第一时间救援。二是信息优势，近邻对现场环境相对更熟悉，不仅可以为互救提供有效信息，而且还可以迅速、准确地为消防员提供火场信息，为营救火场人员赢得宝贵的时间。常言道："救人一命，胜造七级浮屠"，请大家谨记：

火场被困，拨打119的同时，请被困者不要忘记："报警求救找近邻"；

发现火灾有人员被困时，请近邻不要忘记："积极参与人员营救"！

当消防员赶到火场时，如果被困者还活着，绝大多数会被成功营救，但大多数火场亡人发生在消防员到达火场之前，被困者在短时间内已经遇难。如何在第一时间对被困者进行营救，近邻可以发挥极其重要的作用。提高近邻的互救技能，是减少火场亡人的重要举措。火场被困人员，出于本能都会大声呼救。但是，作为近邻，你懂得如何互救吗？在消防安全教学中，我都会指着窗口提问："如果这是杭州保姆纵火案现场，母子4人被困18楼窗口，你作为近邻参与营救，最好的灭火方法是什么？最好的营救方法是什么？"到目前为止，无人回答正确。很明显，我们的火场互救能力亟待提高。

十三、互救有高招：重视"近邻互救"的重要作用

👉 **读者思考**

【问题32】高层火灾（18楼）有人员在窗口被"逼入绝境"，作为近邻你如何为被困者提供灭火、控火帮助？如何有效的营救被困人员？

答：_____

_____。

火灾时，作为近邻，你的援助是被困人员成功获救的关键。互救，你只需做好以下工作：

（1）当消防员到场时，请近邻"主动引导和告知"。

（2）当被困人员受火势威胁时，请近邻"帮忙找水带"（含水枪、水管）。

（3）人员被困防盗窗时，请近邻"帮忙找锤子"（含五金工具）。

（4）找到救援工具后，请通过向上抛投、直接下放、窗帘吊升、窗帘杆平伸的方法，将水带水枪、破拆工具、湿被褥递交给被困者（图5-1）。

人员被困火灾，近邻互救操作指南见表5-1。

顶层释放水带

水带死结

两股水带

上两层释放水带

水带捆绑腰部

窗帘杆递水带

窗帘吊升水带

图 5-1 近邻互救示意图

表 5-1 人员被困火灾:"近邻互救有高招"操作指南

类别	方法	适用时机	操 作 方 法
一 现 场 报 警 有 高 招	近邻报警:在报警环节中,近邻主动、正确地向到场消防员报告现场情况,可以有效提高消防员救援速度和效率		
	现场告知和引导	适用于所有人员被困火灾现场,即当消防员到达现场时,近邻人员向消防员正确报告现场情况	1. 消防来车引导:根据最近消防队位置,判断消防车来车方向,在主要路口做好接车准备; 2. 消防停车引导:根据起火点位置和现场通道情况,告知和引导消防车进入现场的最佳行车路线和最佳停车位置; 3. 进攻路线引导:告知消防员从哪个入口和哪个楼梯间进攻最有效; 4. 消防水源告知:告知消防员可利用的最近的室外消火栓或市政消火栓位置; 5. 被困位置告知:告知消防员被困人员在哪个房间; 6. 家庭户型告知:当人员被困时,窗口相邻的住户(特别是楼下一、二层住户)应该及时打开房间门,便于消防员侦察房间户型;最为关键的是,救援者可以通过近邻窗口对被困人员进行近距离保护和营救

表 5 - 1 （续）

类别	方法	适用时机	操 作 方 法
二、灭火、控火有高招			近邻灭火：火场人员被困窗口、阳台时，近邻可以提供外围灭火、控火帮助；低层火灾可以地面出水直接灭火；而多层、高层火灾可以将水枪、水管和湿被褥递交给被困者，由被困者自己控制和消灭火势
	地面出水灭火	当人员被困一、二楼低层窗口时，可以直接从地面出水灭火	1. 确定水源：水源最好选择是本单元或者邻近单元内的室内消火栓；其次是室外消火栓（前提条件是找到消火栓扳手）；再次是水龙头（前提条件是找到水管）； 2. 地面灭火：连接水带和水管，在地面直接出水灭火； 3. 被困者灭火：将水枪或水管递交给被困者自己灭火
	天台出水灭火	当被困楼层距离天台在 10 层以内时，可以选择从天台释放水带灭火	1. 人员召集：发现起火者应及时召集现场人员，组成 3 人以上的营救小组； 2. 水带数量：按照每盘水带 5 层楼计算，至少携带 4 盘（2 盘用于从消火栓延伸到天台）以上水带、1 支水枪到达天台； 3. 到达天台：救援人员可以从邻近楼梯间到达天台； 4. 水带连接：从天台或者顶层楼梯间消火栓连接水带、水枪； 5. 水带释放：水带应从人员被困窗口上方的对应位置释放； 6. 出水灭火：救援人员缓慢打开消火栓，被困者掌握水枪自己灭火
	近邻窗口出水灭火	上下左右窗口相邻的邻居，均可连接室内消火栓的水带、水枪，通过相邻窗口将水枪递交给被困者	近邻窗口出水灭火方法与上一点基本相同，重点在于水枪递交方法不同： 1. 上层窗口：在上 2~5 层窗口，施救者通过向下释放水带将水枪递交给被困者； 2. 下层窗口：被困者通过窗帘、床单连接，吊升水带可以拿到水枪； 3. 左右窗口：通过窗帘杆、晒衣杆将水枪递交给被困者

表 5 - 1（续）

类别	方法	适用时机	操作方法
三 破拆有高招	近邻破拆：人员被困在防盗窗时，近邻应及时反应，快速寻找破拆工具递交给被困者，或者协助实施破拆。近邻破拆是减少防盗窗人员伤亡的重要途径		
三 破拆有高招	五金工具破拆	人员被困防盗窗时，近邻均可以积极参与救援	低层窗口：近邻迅速找到五金工具，上抛递给被困者；主要工具有：锤子、两个扳手组合、钢锯、断电剪、管道钳等；高层窗口：被困者可以通过窗帘吊升拿到破拆工具
三 破拆有高招	杠杆破拆		低层窗口：近邻寻找钢管直接在地面对防盗窗进行杠杆破拆
三 破拆有高招	牵引破拆		低层窗口：近邻寻找各种绳索（窗帘、水带等），可以直接在地面或邻近窗口利用牵引方法破拆防盗窗
四 缓降、提升有高招	近邻水带救援：消防水带作为缓降、提升的工具，近邻将水带传递给被困者并协助完成逃生，是最安全最有效的人员营救方法		
四 缓降、提升有高招	天台释放水带营救	当被困者距离天台10层以内	1. 救援方案：召集人员——携带足够水带——通过邻近楼梯间到达天台——连接水带——释放2股水带——被困者将水带捆绑在腰部——营救人员在天台做好水带固定——提升被困者（下放或平移均可）； 2. 逃生路径：被困者在吊离窗口后，可以进入楼上任一层逃生
四 缓降、提升有高招	楼上释放水带营救	被困者楼上住户（相距1层以上）在确保自身安全的情况下，均可实施营救	1. 救援方案：参照天台救援方案； 2. 救援位置确定：因火势有可能蔓延至楼上一层住户，为确保救援人员安全，楼上一层不宜作为人员营救位置，2~5层是最佳营救楼层
四 缓降、提升有高招	下层吊升水带营救	当被困者下一层或二层住户在家时，可以对被困者实施营救	1. 开门通知：及时通知楼下一、二层住户打开防盗门； 2. 水带准备：携带2盘水带进入被困者楼下的对应窗口； 3. 水带吊升：被困者放下窗帘，并将窗帘进行固定；通过吊升方法将2股水带吊上来； 4. 人员固定：被困者将2股水带穿过窗户防护栏和床梁中间，将一端捆扎在腰部； 5. 人员下滑：楼下人员做好保护，将被困者缓慢放下，同时，被困者可以自行抓住窗帘下滑

家庭消防预案 16

（1）你家小区物业联系方式是：_____；你是否在手机上保存：_____。

（2）你家窗口相邻的邻居电话是：_____。

（3）近邻互救，水带可以发挥关键作用。你家楼下、楼上的消火栓箱内是否有消防水带？_____；消火栓是否有水？_____；在天台、楼下窗口对应的消火栓位置是否进行标识：_____。

◇ 本章核心理念：近邻窗口互救法

火场被困者，多数在消防员到达现场之前已经遇难，近邻救援相对消防员救援的最大优势是第一时间能到达现场。火灾情况下不管是灭火还是人员营救，近邻特别是物业人员都可以发挥至关重要的作用。其中最重要的是：从窗口外围将水带、水枪递交给被困者。水枪能灭火，水带可吊升救援。

第六章

"不会应用"怎么办?

| 找到捷径，其实简单 |

本书介绍了多种火场求生方法，但真正落实到火灾现场，具体到每一名火场被困者和火场互救者，他们真的能想到吗？会用吗？能用好吗？

如果：

平时根本"没学过"，怎么办？

方法太多"记不住"，怎么办？

火场紧张"想不到"，怎么办？

在大多数火灾中，"火场求生"本来有多种方法，但由于被困者"没学过、记不住、想不到"，才导致了许多被困人员遇难，生命在人们的"无知"中消失。若求生方法停留在书本上，那么它仅是理论，真正用于实践才是硬道理。如何让每一名被困者选择最有效的方法求生、让在场的近邻最有效地参与互救，我们必须找到最佳的应用高招。

十四、应用有高招：寻找灵活应用的"最佳捷径"

（一）逃生演练，亟待全面改革

消防安全教育，全社会不可谓不重视。消防逃生演练，是校园（单位）最为普遍的教育方式之一。然而，我们的消防演练内容是什么呢？"捂着湿毛巾往下跑"，每一个学校（单位）都在这么做，并且，每一年都在重复这样做。演练时，我们都在组织学生捂着湿毛巾，往有烟的楼梯间跑。可是，有多少人讲过，当楼梯间内部燃烧时，不能穿越有烟雾的楼梯间逃生；又有多少人讲过，毛巾以外的其他求生方法呢！制定方案、明确责任、落实课时、开展演练，活动开展得有声有色，但参训者真正学到了什么呢？形式大于内容，这是不争的事实。

在校园演练、逃生体验屋、拓展培训、VR 游戏、教育基地、研学活动的教学中，"毛巾理念"可以说无处不在。试问哪次消防逃生演练没有"捂着毛巾往下跑"，哪座教育馆没有"烟雾逃生体验屋"，哪个消防 VR 游戏中没有毛巾模拟体验。毛巾几乎成了火场逃生的"代名词"。曾经全程参与一个幼儿园的消防安全教育亲子活动（图 6 - 1），令人不可思议的是，在 2 个小时的教学中，竟然 5 次出现组织小朋友通过烟雾区逃生的场景。组织小朋友往有烟雾区逃生，其实是在误导幼儿。

消防逃生演练到底应该如何组织，我曾经在校园组织过"演练讲方法，求生有高招"的新模式试点教学（图 6 - 2），收到了很好的效果。

1. 在教学理念上：逃生演练要实现"捂着毛巾往下跑"到"楼梯间有烟不能跑"的转变；消防教育要实现"逃生演练"到"求生教育"的转变

校园逃生演练和火灾现场逃生本质的区别是：烟雾来源不同而产生热量不同。演练时，楼梯间燃放几个烟雾弹，因为产生热量极少，你捂不捂毛巾，都可以跑出来；但如果楼梯间是电动车等物质真实地燃烧，即使是消防员佩戴空气呼吸器，也很难跑出去。在楼梯间燃放烟雾弹，让学生"穿越烟雾区"的逃生，有倡导"飞蛾扑火"的嫌疑。在逃生演练中，我们必须说明，当燃烧发生在楼梯间内部（事实上，楼梯间有烟雾多为内部燃烧），千万不能往有烟雾的楼梯间盲目逃生。逃生演练要实现"捂着毛巾往下跑"到"楼梯间有烟不能跑"的转变。

(a) 毛巾逃生

(b) 烟道逃生

(c) 匍匐逃生

(d) 仰卧逃生

(e) 场景模拟

图 6 - 1　某幼儿园消防安全教育亲子活动照

图 6 - 2　消防演练新模式试点教学

发生火灾如何逃生？"湿毛巾理念"在全民消防意识中早已"根深蒂固。毛巾逃生有用，但并不是唯一方法，有时湿毛巾逃生不足以让遇难者"逃出生天"；而用其他方法求生，大多数遇难者或许还有"生还希望"。"捂着毛巾往下跑"虽有一定的科学性，但在教学和演练中，不讲"毛巾捂嘴"有限的适用时机，便可能误导火场被困者"阵亡在逃生路上"，不练"毛巾捂嘴"以外的他求生方法，便可能导致火场被困者错失其他"求生机会"，消防教育要实现"逃生演练"到"求生教育"的全面转变。

2. 在教学科目上：实现"单一化"到"多样化"的转变

书中介绍了逃跑、疏散、报警、灭火、控火、避难、防烟、固守、破拆、下降、跳楼、互救等多个方面的火场求生方法。防烟只是火场求生方法之一，而捂湿毛巾也仅是防烟方法之一，而我们的逃生演练科目，仅仅只有"毛巾练习"就明显不合理了。创新火场求生演练的新模式，演练不同火场求生方法，才能真正让火场被困者"学有所用"。

3. 在教学内容上：实现"统一模式"到"区别对待"的转变

消防安全教育要根据不同单位、不同年龄、不同区域做到区别对待，不能采用放之四海皆准的同一标准。行业不同，演练科目也应该有所不同。如物业演练，要重点训练家庭火灾、管道井火灾和楼梯间电动车火灾的扑救和被困人员救援；而加油站的火灾演练，灭火器的使用尤为重要。年龄不同教育内容要有所不同。如幼儿和小学生，教育其不要玩火是重点；而高年级学生，才可以教育他如何第一时间灭火。不同区域，教育内容也会有所不同。火场逃生，城市教育重点是有烟雾的楼梯间不能跑，而农村住宅更多是低层楼房，则重点教育如何从低层窗口跳楼逃生。

4. 在教学场景上：实现从"校园"到"居家"的转变

在场景上，校园逃生演练和居家火场逃生有着明显的区别。从教室内逃到室外，由于教室有两个门，自然可以跑出来；而家庭一般仅有一个入户门，如果客厅全面燃烧，跑出去很难。从楼上跑到楼下，教学楼有多个楼梯间,自然应该选择没有烟雾的楼梯间逃生;而大多老旧住宅楼,一个单元只有一个楼梯间,没有多余的选择余地。由于有80%左右亡人火灾发生在住宅,所以,在演练场景上,选择"居家环境"更为合理,用真实的火灾场景进行教学,创新"火场求生平面教学"可以起到很好的教育效果(图6-3)。

图6-3 居家环境:火场求生平面教学

(二) 意识训练,把握关键重点
☞ 读者思考
【问题33】 家庭火灾被困,保持"沉着冷静"有效的方法是什么?
答:＿＿＿。

火场求生,事实上并没有想象中复杂。本书有一条主线"怎么办",它贯穿了"火场求生"的始终。按照绝大多数人火场求生的惯性思维,可以进一步总结火场求生的精髓和重点。请你站在自己的卧室,想象发生火灾自己被困火场怎么办?火场求生的精髓和重点就是火场求生"三步曲":跑得了就"跑",跑不了就"躲",躲不了就

"找近邻帮忙"。

火灾发生在家庭的不同地点，求生也有不同的原则（图6-4）：

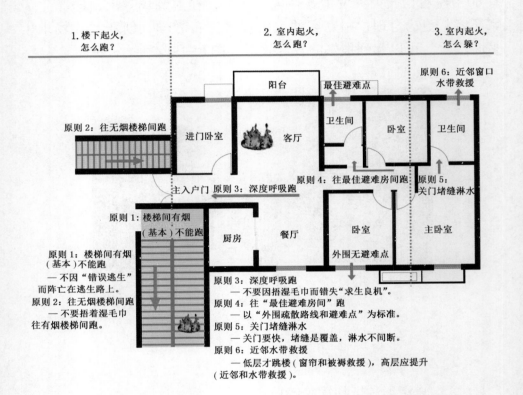

图6-4　家庭火灾求生"六大原则"示意图

1. 楼下起火，怎么跑？

——原则1：楼梯间有烟（基本）不能跑。

——原则2：往无烟楼梯间跑（不因"错误逃生"而阵亡在逃生路上）。

2. 室内起火，怎么跑？

——原则3：房间有烟深度呼吸跑（不因寻找和打湿毛巾错失"求生良机"）。

——原则4：往"最佳避难房间"跑（依次是：外围疏散路线→外围避难点→有水房间）。

3. 跑不出，怎么躲？

——原则5：关门、堵缝、淋水（关键：关门要快，堵缝采用覆盖，淋水不间断）。

——原则6：近邻水带救援（近邻将"水带、锤子和湿被褥"递交给你）。

意识训练也是提高心理素质的有效途径。火场沉着冷静绝对"关乎生死"，有太多的遇难者因为紧张而错失求生机会。他们不是没有求生机会，而是缺乏危急情况下的"冷静思考"。火场如何保持沉着冷静，提以下3点建议：

（1）强化火场求生意识。被困火场无非3个要点：跑得了跑，跑不了躲，躲不了找近邻帮忙。请冷静思考，如何"跑"、如何"躲"和如何"找近邻帮忙"。

（2）火场求生有多种方法。书中介绍了多种火场求生方法，请相信你一定会在火场应对自如，应该对自己充满信心，要沉着冷静，完全没有必要惊慌失措。

（3）做好《家庭消防预案》。发生火灾时，人员难免紧张不能正确求生。如果在火灾之前想好"如何求生"，制作一份简单的《家庭消防预案》，则无疑是火场沉着冷静最有效的保障。

（三）家庭预案，无疑极为重要

☞ 读者思考

【问题34】图6－5是杭州保姆纵火案现场平面图，结合前面的学习，你能找到哪些火场求生的方法？

答：_____

_____

_____

_____

【问题35】《家庭消防预案》应包括哪些内容？

答：_____
_____。

在本书中，《家庭消防预案》贯穿始终，这也是在表达一种理念：制定《家庭消防预案》是减少家庭火灾亡人极为有效的举措。

全国火灾亡人，有近80%的发生在住宅建筑，发生在家庭，发生在人们熟睡之时。而发生亡人火灾的居家类型，在我们身边极为普遍存在，许多家庭的疏散楼梯是"水平方向无出口的楼梯间"（即无第二个安全出口），发生在楼梯间的"小火亡人"案例少吗？而居住在门面夹层和阁楼之上的家庭，在城市的大街小巷，也是随处可见。又比如，你的居家是不是"客厅在外，卧室在内"，如果说客厅全面燃烧，烟、热会在家庭有限的空间迅速聚集，你一定有把握成功逃生吗？而"老弱病残"，更是人们应该重点关心对象，或许，仅仅一张床铺、一张沙发的燃烧，就足以导致悲剧的发生。

太多家庭的居家形式，都存在发生亡人的火灾风险，而消除家庭火灾的"致命隐患"，事实上比较容易，制定《家庭消防预案》，可以将风险降到最低。《家庭消防预案》的重要性，用真实案例说明肯定更有说服力。"杭州保姆纵火案"发生之后，网络上公布的一张"火灾现场平面图"（图6-5），针对房间的基本布局，《家庭消防预案》应该包括以下内容：

（1）内部疏散。明确家庭内部疏散路线："从女孩房间卫生间"的窗口翻越，通过保姆房向外逃生。

（2）外围疏散。明确家庭外围疏散路线是："两个男孩房"窗外的狭长过道，躲入其中避难时，可以关闭房间门、厕所门、窗户3道屏障（卫浴隔断）防烟防火。

（3）关门控火。明确被褥固定在房门的方法，通过不断淋湿被褥可有效控制火势蔓延。

（4）堵缝防烟。明确堵塞门缝的物品和方法，可以有效地防止烟雾侵入。

（5）物业灭火。明确窗口近邻救援的方法，物业（保安）将灭

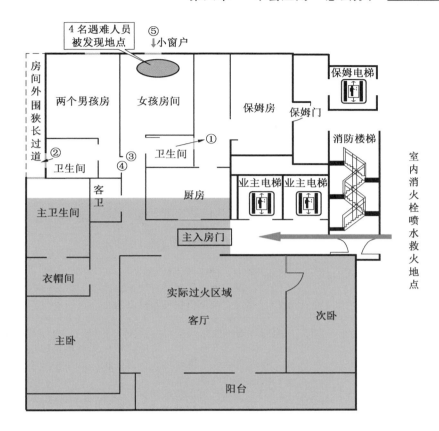

①—内部疏散路线；②—外围疏散路线；③—关门控火；
④—堵缝防烟；⑤—物业灭火

图6-5 杭州保姆纵火火灾现场平面图（网络公布的户型图）

火地点设置在天台，连接水带、水枪，释放给被困者，被困者直接充当水枪手，人员保护效果会比正面进攻明显得多。

（6）其他火场求生方法等。

很明显，如果制定了《家庭消防预案》，进行了必要的演练，可以为被困者提供多种求生可能。我们的居家消防安全，只需在平时多想一下，明确了家庭外围疏散路线、避难点、移动防烟工具、堵塞门缝工具、淋湿房门方法、近邻传递水带最佳方法等，都不至于在火场中被"逼入绝境"。

湖南省"一线感悟"全民消防安全教育制作了《家庭消防安全预案》，该预案包含致命"居家环境"判定（表6-1）、家庭外围和内部消防安全评估（表6-2、表6-3）和家庭火场求生预案（表6-4）。

表6-1 致命"居家环境"判定

居家类型及提醒对象	"致命隐患"重点及提醒内容
1. 居住在"门面夹层"； 提醒对象：_____	（1）减少一楼可燃物数量：_____； （2）确保门面后方对外有逃生窗口：_____； （3）确定后方窗口快速破拆方法：_____； （4）人员不宜居住在门面夹层之内：_____
2. 居住在"门面阁楼"； 提醒对象：_____	（1）减少一楼可燃物数量：_____； （2）确保门面2楼对外有逃生窗口：_____； （3）确定2楼窗口快速破拆方法：_____；
3. 居住在"可燃物高度集中的客厅"内； 提醒对象：_____	家庭外围疏散路线指消防连廊、低层窗口、墙裙、垂直管道、邻近防盗窗、邻近阳台防护栏等可供攀爬逃生的路线。外围避难点是指墙裙、空调外挂、漏斗型防盗窗等可供临时避难的地方。 （1）减少客厅可燃物数量：_____； （2）客厅以内房间外围疏散路线有：_____； （3）客厅以内房间外围避难点有：_____； （4）确定家庭"最佳避难房间"分别是：_____
4. 居住在"复式楼"上层； 提醒对象：_____	（1）减少客厅可燃物数量：_____； （2）家庭外围疏散路线有：_____； （3）家庭外围避难点有：_____； （4）确定家庭"避难房间"分别是：_____
5. 居住家庭"水平无出口楼梯间"； 提醒对象：_____	水平无出口楼梯间是指只有在底层和顶层才有安全出口，而水平方向上无安全出口的楼梯间形式；水平有出口楼梯间是水平方向有其他安全出口的楼梯间形式。 （1）确定楼梯间形式是：_____； （2）减少楼梯间下方可燃物数量：_____； （3）水平无出口楼梯间有烟，火灾情况下（基本）不能往外：_____； （4）水平有出口楼梯间，火灾情况下从无烟楼梯间跑：

表 6－1（续）

居家类型及提醒对象	"致命隐患"重点及提醒内容
6. 居住家庭楼梯间为 "烟囱式楼梯间"； 提醒对象：_____	烟囱式楼梯间即上下贯通式楼梯间，在楼梯间位置形成的内置天井，有利于火场烟热的迅速蔓延。 （1）减少楼梯间下方可燃物数量：_____； （2）确定建筑外围疏散路线是：_____； （3）确定建筑外围避难点是：_____
7. 居住在 "袋形建筑" 之内； 提醒对象：_____	"袋形建筑"是指只有一个安全疏散出口，类似一个口袋的居家形式。 （1）减少卧室前方可燃物数量：_____； （2）确保卧室后方有求生出口：_____
8. 居家有 "老弱病残" 人员； 提醒对象：_____	（1）减少家庭可燃物数量：_____； （2）清除人员身边可燃物：_____； （3）隔离可燃物：_____

表 6－2　家庭外围消防安全评估

评估项目	评估内容及整改（补救）措施
1. "外围蔓延途径"评估	（1）建筑外围是否有装修防护网：_____； （2）外墙是否有保温层：_____； （3）突出窗口及雨篷蔓延可能：_____。 整改：发生火灾迅速清除窗口和阳台可燃物，无法清除的迅速持续淋水；而建筑外围有装修防护网的不适宜居住
2. "楼下可燃物"评估	（1）下层可燃物高度集中：_____； （2）楼梯间下方可燃物集中：_____； （3）邻近楼梯间可燃物高度集中：_____。 整改：（1）尽可能减少可燃物数量； 　　　（2）通过窗口、阳台有能够迅速撤离的逃生途径
3. 窗口、阳台 "可燃物" 评估	（1）窗口可燃物数量：_____； （2）阳台可燃物数量：_____。 整改：（1）尽可能减少窗口、阳台附近的可燃物； 　　　（2）楼下发生火灾时迅速清除或淋湿窗口、阳台可燃物

　　若判定整体燃烧可能性小，不必过于担心火会烧上来。火灾情况下，要沉着冷静，不要错误逃生而阵亡在 "逃生路上"

表6-3　家庭内部消防安全评估

评估项目	评估内容及整改（补救）措施
1."着火源"评估 ——只可"预防"，不能"杜绝"	能否将家庭火源、电源、电器与可燃物隔离＿＿＿＿； 整改：窗帘、书桌、电视柜、衣柜、床铺、沙发等尽可能地远离火源和电源
2."可燃物"评估 ——追求"极简最安全"	（1）客厅可燃物数量：＿＿＿＿＿＿＿； （2）楼下可燃物数量：＿＿＿＿＿＿＿； （3）"唯一逃生通道"可燃物数量：＿＿＿＿＿。 整改：彻底清除或尽量减少可燃物数量
3."通道安全"评估 ——以"全面燃烧"为标准	（1）是否有两条逃生路线：＿＿＿＿＿＿＿； （2）逃生通道是否畅通：＿＿＿＿＿＿＿。 整改：确保逃生通道畅通，选择往无烟楼梯间跑，水平无出口楼梯间有烟基本不能跑

表6-4　家庭火场求生预案

时机	火场求生预案	居家求生提醒（参照家庭消防安全评估）
一、楼下起火，怎么办？	1. 不要恐慌（第1重点）	当建筑整体燃烧可能性极小时，应沉着冷静，不因"错误逃生"而阵亡在逃生路上
	2. 不要跑（第2重点）	当楼梯间水平无出口时，有烟不要盲目"捂着（湿）毛巾往下跑"
	3. 往"无烟楼梯间"跑（第3重点）	当有2个或以上楼梯间时，选择往"无烟楼梯间"跑
	4. 坚持"只跑1层"原则（第4重点）	当距离天台仅有1层，或楼下1层起火时，有足够把握穿越浓烟时可向外逃生。即上跑1层可以到达天台或下跑1层可以突破着火层
二、家庭内部起火，怎么跑？	1. 能跑则跑（第5重点）	演练：发现起火——大声呼叫——弹起来跑——深度呼吸跑防烟（为了尽快地逃离现场，逃生不必找毛巾、捂湿毛巾，不必披湿被褥）
	2. 跑出后，报警讲重点	（1）最佳报警位置是：讲消防员最有可能知道的地点； （2）火场被困讲被困楼层、房间名称和房间朝向
	3. 跑出后，坚持"外围灭火"原则	（1）室内消火栓灭火，是否有室内消火栓：＿＿＿＿； （2）演练：利用邻居家水龙头灭火；利用多个工具接水直接浇水灭火； （3）断电位置：＿＿＿＿＿＿＿＿； （4）断气位置：＿＿＿＿＿＿＿＿

表 6-4（续）

时机	火场求生预案	居家求生提醒（参照家庭消防安全评估）
三、家庭内部火灾，怎么躲？	1. 往"最佳避难房间"跑（第 6 重点）	（1）往外围有"疏散路线房间"跑； （2）往外围有"避难点房间"跑； （3）往内部有"水源房间"跑； （4）不往没有"外围窗口"房间跑； 根据自家环境依次列出最佳避难房间：_____ _____
	2. 关门堵缝淋水（第 7 重点）；	（1）关门要快：打响"固守待援"的"第一枪"； （2）堵缝采用覆盖方式：实现"堵塞门缝"到"覆盖门缝"的转变； （3）淋水不间断：坚持"打持久战"
	3. 解决防烟、防高温问题（第 8 重点）	（1）移动管道防烟工具有：_____； （2）固定管道防烟方法有：_____； （3）堵塞门缝防烟工具有：_____； （4）灭火、控火工具有：_____； （5）被褥覆盖房门支撑工具有：_____； 占领了厕所你就赢得了生机。 演练：多抱被褥往厕所跑—被褥覆盖门缝—关门淋水—打开所有水龙头—确定最佳呼吸方式(_____ _____)—身披被褥躲在水龙头下
	4. 解决"近邻救援"问题——窗口外围灭火、控火、吊升（第 9 重点）	近邻救援：递交湿被褥，可以覆盖防高温；递交五金工具，可以破窗；递交水枪，可以出水控火灭火；递交绳索或水带，可以吊升救人和呼吸； （1）如何通知近邻：电话联系或敲击楼板； （2）如何拿到水带：上层下放、窗帘吊升、窗帘杆平伸；家庭水带拿到最佳方案是：_____ _____； （3）演练 ——检查最近室内消火栓是否有水；（ ） ——检查消防水带是否双卷叠放；（ ） ——检查水带接口捆扎是否牢固（ ）

表 6 - 4（续）

时机	火场求生预案	居家求生提醒（参照家庭消防安全评估）
四、固守不住，怎么跳楼？	1. 窗口破拆解决方案	防盗窗破拆方案分别有：_____ _____
	2. 低层才跳楼，高层应提升（第 10 重点） ——被逼跳楼，消防水带是"最佳选择"	低层才跳楼：跳楼工具自己找： （1）承接落地支撑物品有：_____； （2）降低高度结绳物品有：_____； （3）减少缓冲抛下物品有：_____
		高层应提升：自己指挥很重要。指挥流程： （1）告知近邻自己具体被困的窗口和朝向； （2）告知近邻至少找 2 个人帮助递交 2 股水带； （3）告知近邻递交水带的方法（顶层下放、上 2~5 层下放、下层窗帘吊升、下层窗帘杆举伸和同层窗帘杆平伸）； （4）告知近邻将自己拉上去或放下去； （5）自己将水带（2 股）捆绑在腰部

填表说明：① 下划线按家庭情况如实填写，不涉及内容不填写或直接打"×"；
② 重点内容应告知家庭所有成员（打"√"）；
③ 演练内容实地操作可有效增强意识；
④ 不清楚如何填写，请关注微信公众号。

（四）《小区消防预案》：有待全面推广

☞ **读者思考**

【问题 36】如家庭并不重视《家庭消防预案》，物业能提供哪些帮助？

答：_____
_____。

　　《家庭消防预案》如何制作、如何制作更有效，我一直在摸索。我调研了株洲地区全部较大亡人火灾，也探访过全国很多典型的家庭亡人火灾，通过不断的总结，创新了《家庭消防预案》新模式。事实上，制作规范科学实用的预案模版并不难，难的是如何让更多的家庭参与学习和制作《家庭消防预案》。通过对物业培训，由物业统一制作《小区消防预案》，来代替家庭单独制作《家庭消防预案》，是我找到的最佳捷径。物业举手之劳，业主火场脱逃（图6-6）。

图6-6 物业做好小区消防预案

《小区消防预案》是指物业针对小区制作的消防预案，重点是针对不同单元基本相同的户型制作的火场求生预案。物业本身担负有小区值班和消防安全的职责，自然是"近邻"最重要的组成部分。物业制定一份《小区消防预案》，按规定时间进行小区消防演练，有着极其重要的作用。

1. 物业制定一份消防预案，可以为业主送一份平安

每个小区、每个单元，至少楼上楼下的户型会基本一致；根据不同的户型，物业制定不同的求生方案，相对于每一个家庭制定《家庭消防预案》，显然更加容易、更加有效。物业对小区进行一次消防安全评估，制定了一份《小区消防预案》，在每个单元张贴一张《家庭消防安全温馨提示》，相当于为每个家庭送一份平安。

2. 物业按规定进行演练，可以保证火灾情况下被困业主能有效"火场脱逃"

居民住宅火灾，导致亡人的火灾类型主要有 3 种：家庭客厅火灾、电缆井火灾和楼梯间电动车（电表箱及杂物）火灾。不同火灾有不同的救人措施，物业的实战训练和演练，应该包括以下重点内容：

（1）客厅火灾人员被困：物业开展递交水带、水枪的训练，被困者可以自己灭火、控火和利用水带逃生。

（2）电动车火灾人员被困：物业从邻近单元利用室内消火栓迅速灭火，提高灭火速度自然可有效减少人员伤亡。

（3）电缆井火灾人员被困：物业可以迅速从邻近楼梯间到达顶层，利用顶层室内消火栓灌浇灭火。

很明显，一个小区的消防安全，只需物业一次简单评估、一份标准预案、一张温馨提示、一次简单演练，就可以为整个小区每个家庭的消防安全提供保障。

如果物业在小区每个单元张贴一张《家庭消防安全温馨提示》，我们有理由相信，发生火灾时，业主不会向有烟雾楼梯间错误逃生，被困时会向最佳避难房间跑；而物业和近邻，也自然懂得利用水带开展窗口外围救援。

全面推广科学有效的物业演练模式，是减少火场人员伤亡的有效捷径。

［案例］湖南省"一线感悟"全民消防安全教育为某物业制作的《小区消防预案》

家庭消防安全温馨提示

江湾一号 2 栋 1 单元全体业主：

为了确保小区及每个家庭的消防安全，小区物业联合"一线感悟"全民消防安全教育，对小区家庭消防安全进行了《家庭外围消防安全整体评估》，并制定了《家庭内部火灾消防求生预案》，现温馨提示如下：

（1）各业主可根据居住楼层和家庭装修的不同，参照执行。

（2）物业将于11月9日9时30分在小区篮球场进行家庭消防预案演练，敬请大家到场学习和观摩。

株洲市×××物业管理有限公司

湖南省"一线感悟"全民消防安全教育

2019 年 10 月 30 日

《家庭外围消防安全整体评估》

（一） 整体 燃烧 评估	本栋建筑外围无外墙保温层、无装修防护网、建筑内无"可燃物"高度集中的仓库等外围蔓延的燃烧因素。本楼"整体燃烧"可能性较小。发生火灾时，各位业主不必过于惊慌。当楼梯间有烟雾时，请大家"不要盲目往有烟雾的楼梯间逃生"。 为了降低火灾从下层向上层蔓延的可能性，请各业主： （1）减少"可燃物"，即尽量清理家庭多余的杂物（或可燃物）。 （2）清除"可燃物"，即清除邻近窗口、阳台可燃物，以切断火势蔓延途径。 （3）隔离"可燃物"，即尽量将电源、火源与可燃物隔离。		
（二） 楼梯间 形式 评估	本单元楼梯间形式为剪刀式楼梯间，"水平无出口楼梯间"（指水平方向无疏散出口），楼梯间空间十分狭小且无对外窗口；当楼梯间电动车、电表箱或其他堆放可燃物发生火灾，由于烟囱效应烟雾会迅速充满楼梯间。当楼梯间充满烟雾时，请不要盲目逃生。	剪刀式楼梯间： 无水平出口 	电表箱： 位于电梯前室
（三） 地下 车库 烟雾 流向 评估	本单元剪刀式楼梯间的地下入口与地下车库相通，当车库车辆发生火灾时，烟雾会大量在楼梯间集中。当楼梯间充满烟雾时，请不要盲目逃生。	楼梯间入口与车库相通 	

（续）

（四） 电缆井 位置 评估	本单元电缆井位于电梯前室，发生火灾时，向各楼层蔓延的可能性很大。烟雾会迅速充满电梯前室和楼梯间，防盗门外有烟雾时，请不要盲目逃生。	
（五） 消防 安全 提示	为了全体业主的安全，请你： （1）请不要在楼梯间、疏散通道、安全出口、门厅等停放电动车（充电）。 （2）请每一层业主及时清理楼梯间堆放杂物。 （3）请及时清除电缆井内杂物，不要将电缆井当作储物间。	

《家庭内部火灾消防求生预案》

　　从消防安全方面考虑，本单元每层 4 户，分为 2 种户型制定了《家庭内部火灾求生预案》。家庭内部火灾逃生，当然是"能跑则跑"。本《家庭内部火灾消防求生预案》主要是基于被困家中的求生方案，请各位业主参照以下预案"火场求生"。

（一）《××01 和 ××02 户型火场整体求生方案》

1. 重点 隐患	家庭卧室（门口北面卧室除外）多位于客厅以内。夜间一旦客厅全面燃烧，睡在卧室的人员很难通过客厅从防盗门向外逃生。 　　——客厅可燃物高度集中是家庭消防安全"重点隐患"。

（续）

2. 疏散 路线	除4层和31层外墙有墙裙，可以作为疏散路线之外，其他楼层家庭火灾情况下均没有外围疏散路线可以逃生。	
3. 外围 避难	本户型求生方法主要有： （1）进门北面卧室和外卫生间窗口的空调外挂是最好的避难点；而北面次卧室和主卧室外围虽有避难点，但到达有难度。 （2）最佳避难房间：根据外围避难点分布，本户型北面外卫生间为第一避难房间。火灾情况下，请及时向外卫生间逃生。	
4. 厕所 避难	外卫和内卫"固守待援"方法：迅速关门—被褥覆盖门缝（以及覆盖本身体）—不断淋水。	
5. 窗口 水带 救援	所有外围窗口，均可利用室内消火栓实施"窗口水带救援"：通过上层下放、窗帘吊升的方法，楼上楼下的邻居可以将消防水带传递给被困者，被困者利用水带、水枪进行灭火、控火和吊升逃生。 　物业灭火救援电话：＿＿＿＿＿＿；近邻灭火救援电话：＿＿＿＿＿＿（各业主根据具体情况保存联系方式）。	
6. 防烟 措施	不同移动空心管道均可防烟，卫生间固定管道可防烟（各家庭具体情况具体确定）。	

（二）《××01和××02户型内部房间求生方案》

北面房间求生方案	1. 进门卧室	（1）因邻近入户门，可直接通过防盗门向外逃生。 （2）逃生成功后利用电梯前室室内消火栓灭火。 （3）来不及逃生，可借助窗口空调外挂避难。 （4）各房间有对外窗口，均可开展"窗口水带救援"。
	2. 客厅阳台	（1）直接从入户门逃生，被困可能性较小。 （2）客厅阳台，窗口两侧均有空调外挂可以避难。
	3. 外卫生间	（1）关门—堵缝—淋水（阵地求生法）。 （2）窗口空调外挂避难。
	4. 北面次卧室	（1）及时往外卫生间避难。 （2）空调外挂避难：利用窗帘、床单保护到达空调外挂。
	5. 主卫生间	（1）关门—堵缝—淋水（阵地求生法）。 （2）做好近邻外围窗口水带救援准备。
户型基本结构图		

（续）

南面房间求生方案	6.厨房	（1）直接从入户门逃生，被困可能性较小。 （2）近邻窗口水带救援。
	7.餐厅	
	8.南面次卧室	（1）及时往外卫生间避难。 （2）关门并做好近邻窗口水带救援准备。
	9.主卧室	（1）尽可能向外卫生间避难。 （2）关门—堵缝—淋水。 （3）利用窗帘、床单下降到窗口避难点。

制作这样一份《小区消防预案》，显然很简单。小区只需一位负责任的物业人员参加一次培训，填写一份标准预案，张贴一张温馨提示，小区所有业主将终身受用。

制作这样一份《小区消防预案》，有用吗？显然很有用。如果在小区每个单元楼梯间张贴一张《家庭消防安全温馨提示》，通过长时间的耳濡目染，我们有理由相信，发生火灾时，业主不会向有烟雾楼梯间错误逃生，被困时会向最佳避难房间跑；而物业和近邻也自然懂得利用水带进行窗口外围救援。

注：制作《小区物业消防演练预案》，请关注"一线感悟"全民消防安全教育公众号。

（五）基地教育：效果更为明显

同样的消防安全教学内容，基地教育肯定比课堂教学效果好。原因如下：

（1）基地教育感观效果更好。专业化的消防教育培训基地，参训者可在真实的火灾现场，接受火场求生知识的教育，这无疑将会收到最佳的感观效果。

（2）基地教育训练效果更好。基地火场情况设置全面，有利于参训者在相对真实的火场环境中进行各种课目的体验和训练。如何依托房门建立防火墙、如何利用五金工具破拆防盗窗、如何利用消防水带跳窗逃生等，参训者通过真实的体验和训练，更有利于熟练掌握动作要领。

（六）火场求生，网络教你速成

绝大多数火场遇难者（指有自主行动能力），并不是没有生还机会，而是不懂如何火场求生。被困者从未参加过专业的学习和训练，也不懂如何自救，而近邻（物业）也不懂如何互救，这是一个火灾亡人很普遍的现象。

怎么办？解决方法很简单，没学过可以现场临时学；怎么学？通过网络学习。看似很不靠谱的提议，事实上却是很有效的方法。相信被困者（特别是近邻）拿到手机的概率很大。有了手机，就可以通过网络现场学习火场求生方法。"一线感悟"全民消防安全教育设计了一套简单实用的"火场求生，一线速成"流程，你可以在短时间内完成浏览，根据现场需求找到最适合的火场自救方法；而近邻则通过流程图展开火场救援，及时为被困者传递水带、水枪和破拆工具。流程图如图6-7所示。

一、楼下起火	（一）从无烟楼梯间逃生
	（二）楼梯间有烟：不能往外跑
	（1）堵塞防盗门防烟 ｛牙膏挤入门缝；宽胶带粘贴；用小刀等将湿纸塞入门缝。 （2）移开窗口、阳台可燃物。 （3）淋湿地面和可燃物。
二、室内起火	（一）能跑则跑（从正门跑）
	（二）高温受阻跑不出：固守待援 　　　核心：防烟和防高温

	1	关门—堵缝—淋湿（建立"防火墙"）

薄被褥覆盖房门

①薄被褥悬挂在门侧面
②梳子、发夹将毛巾、纸巾顶入门缝
③宽胶带粘贴
④牙膏挤入防烟
⑤不断淋水

二、室内起火	2	从后面跑：（1）从外围疏散路线跑。 （2）往外围避难点躲。

①直接进入邻居窗口逃生
②攀爬邻近防盗窗逃生
③攀爬空调、雨搭、竖管逃生

①墙裙
②空调外挂
③邻近防盗窗
④漏斗型防盗窗
⑤外墙竖管

	3	有对外窗口：

（1）防烟：移动管道可防烟。

紧靠窗口取下窗帘头

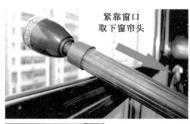

捏住鼻孔对准窗外呼吸

（2）灭火和破窗：
——邻居可找到水带水枪和五金工具；
——窗口抛投和窗帘吊升可拿到救援工具。

①顶层下放水管
②上二层下放水管
③同一层窗帘杆平伸水带
④下一层：窗帘吊升水带（水枪和破拆工具）

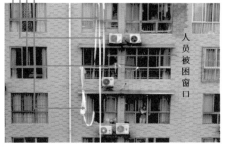

人员被困窗口

二、室内起火	（3）低层灭火：上抛和窗帘吊升。 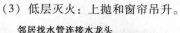 	（4）高层灭火：外围窗口灭火。  ①顶层下放水枪 ②上2～5层下放水枪 ③同层窗帘杆平伸递交水枪 ④下层窗帘吊升水枪
	（5）五金工具破窗。 	（6）床梁破窗。 
	（7）低层跳楼。  ①向下抛窗帘 ②撑窗帘 ③席梦思、棉被	（8）高层提升。  ①水带打死结 ②必须2条水带 ③捆扎在腰部
4	无对外窗口房间有水时：	
	（1）多抱被子往厕所跑。 （2）被子覆盖在门上淋水。 （3）被子覆盖在身上淋水。	

二、室内起火

防烟：

（1）排水口（洗衣机、洗漱盆）直接呼吸防烟。

（2）喷淋管塞入下水道可呼吸。

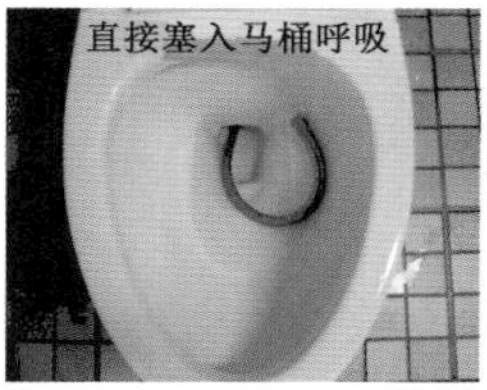

直接塞入马桶呼吸　　移开马桶后塞入呼吸

防高温：

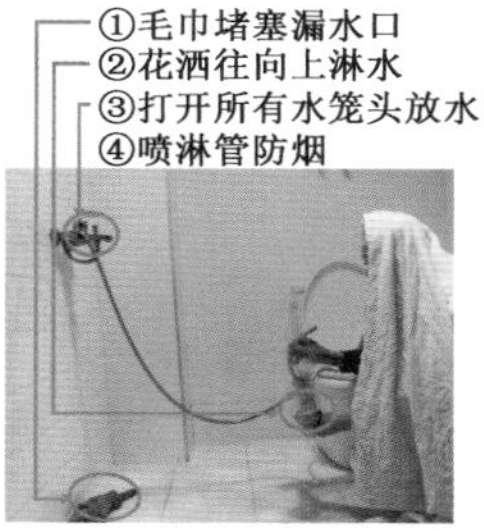

①毛巾堵塞漏水口
②花洒往向上淋水
③打开所有水笼头放水
④喷淋管防烟

图 6-7　"火场求生，一线速成" 流程图

◇ **本章核心理念：临场学习求生法**

　　书中一直在强调，"火场求生"有"多种方法"。被困火场，不是没有求生可能，而是太多被困者不懂如何求生。被困火场，请沉着冷静：网络搜索"火场求生，一线速成"，找到科学有效的火场自救和互救的方法。

第七章

"家庭消防装备"怎么配？

装备求生，有备无患

十五、配备"最为实用"的求生装备

家庭消防器材到底应该配备什么？怎么配备？怎么使用呢？很多人对此甚是疑惑。

为提高家庭扑救初起火灾和逃生自救能力，原公安部消防局专门发布了《家庭消防应急器材配备常识》。《家庭消防应急器材配备常识》中明确指出，居民家庭应选择以下5种家庭消防应急器材配备：

1. 手提式灭火器

家庭消防宜选用手提式 ABC 类干粉灭火器，也可依据具体情况选用其他灭火器，如水基型灭火器、气溶胶灭火器、二氧化碳灭火器，灭火器配置在便于取用的地方，用于扑救家庭初起火灾。

手提式灭火器的使用方法一般分为"拔、压、喷"，具体可参照灭火器器具上粘贴的说明。不同的灭火器有其使用范围和特点：ABC 干粉灭火器干粉可扑灭 A、B、C 类火灾，覆盖面积大；水基型灭火器冷却降温效果好，对 A 类火灾具有渗透作用，对 B 类火灾有阻燃作用，还可扑灭电气火灾；气溶胶灭火器污染性小、体积小。

手提式灭火器的优点是操作简单，且喷射灭火剂速度快。不足之处在于：①剂量少，只能扑灭小火；当火势较大，灭火应优先选择室

内消火栓和桶装水扑救。②喷射距离近，一般标准喷射距离在 5 m 以内。③灭火剂存在保质期，一般灭火器使用期限为 3～5 年，需要定期进行维护和更换。④难以扑灭物质内部燃烧，如被褥着火、内部燃烧，各类灭火剂均难以彻底扑灭，而水的渗透灭火性能较强。在消防灭火演练中，除"干粉灭火器灭火"之外，更要重视室内消火栓、桶装水的灭火训练。

2. 灭火毯

灭火毯是由玻璃纤维等材料经过特殊处理编织而成的织物，能起到隔离热源及火焰的作用，可用于扑灭油锅火或者披覆在身上逃生。除油锅着火外的其他家庭可燃物着火，灭火毯覆盖灭火效果并不理想。所以家庭火灾扑救，优先考虑室内消火栓、桶装水、灭火器灭火，之后才是灭火毯灭火。而家庭火场逃生，倡导身披灭火毯逃生。但是，与"捂湿毛巾"逃生一样，一定要考虑寻找和打开灭火毯所耽误时间，防止错失逃生良机。

3. 消防过滤式自救呼吸器

消防过滤式自救呼吸器是防止火场有毒气体侵入呼吸道的个人防护用品，由防护头罩、过滤装置和面罩组成，可用于火场浓烟环境下的逃生自救。

佩戴呼吸器和捂毛巾一样需要时间，如果家庭火灾水平能够逃生，直接跑出去无疑生还可能更大。

4. 救生缓降器

救生缓降器是供人员随绳索靠自重从高处缓慢下降的紧急逃生装置，主要由绳索、安全带、安全钩、绳索卷盘等组成，可往复使用。

缓降器应该安装在客厅以内的卧室，没有外围疏散路线和避难点的房间，高层特别是超高层建筑的火场逃生，被困者下降逃生时应该更多地考虑从着火层的下层窗口进入楼下住户逃生，而不是一降到底的逃生。

安全绳的作用：①从楼下吊升消防水带；②利用安全绳到达外围避难点；③利用安全绳下降到下一楼层逃生。

如何使用安全绳下降，掌握正确的方法非常关键：

（1）提前考虑可能使用的位置；安全绳下降适用于有外围避难点的房间、有下降窗口的房间。

（2）采用"双股"安全绳下降更安全。"双股"不仅承重更安全，双手握绳更有利于控制下降速度。

（3）采用"三向固定"方式下降。三向固定是指：绳索上方的支点固定必须安全有效；腰部固定是指绳索中间捆绑在下降者腰部；下方固定点是指绳索另一头应该保留足够的长度，由楼上或者楼下人员进行二次保护（或者在上方设置第二支点）。重要的是腰部固定点到窗口的距离宜保持在 3 m 左右。这样即有利于下降人员顺利进入窗口，更可有效防止脱手坠亡事故的发生。

（4）采用"布料包裹"绳索下降：用毛巾等包裹双股绳索下降，摩擦系数更大。

（5）采用"捆绑下放"方式营救：即有多人被困时，应该通过捆绑依次将人放下。

5. 带声光报警功能的强光手电

带声光报警功能的强光手电具有火灾应急照明和紧急呼救功能，可用于火场浓烟以及黑暗环境下人员疏散照明和发出声光呼救信号。

发生火灾人员被困窗口时，白天可以挥动带区分四周环境颜色衣服、毛巾，夜晚晃动手电可以呼救。

消防局还提醒，居民家庭应根据家庭成员数量、建筑安全疏散条件等状况适量选购适用的消防器材，并仔细阅读使用说明，熟练掌握使用方法。选购手提式灭火器、消防过滤式自救呼吸器、救生缓降器时，可先从中国消防产品信息网上查询拟购器材的市场准入信息，以防购买假冒伪劣产品。

近年来，许多公司开发了家庭逃生应急箱（图 7-1），内有灭火器、自救呼吸器、强光手电、腰斧、消防绳、灭火毯、消防钩、应急包等，每个家庭应根据自己的具体情况选购合格产品，并按说明书熟练掌握其使用。同时，要注意产品使用期，不可使用过期产品。

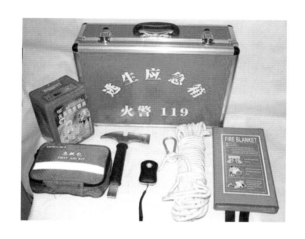

图 7 – 1　逃生应急箱

◇ 本章核心理念：装备逃生

家庭消防应急器材（装备），主要包括灭火器、灭火毯、呼吸器和缓降器等，它们在被困人员火场求生时有很大帮助。需要注意的是，在各消防应急器材使用期内，要按产品说明书上规定的条件保存器材，并放置在合适的位置，以便火灾时快速获取。

致谢：

感谢消防部队多年培养；
感谢父母经济上的支持；
感谢妻子事业上的理解！